Mutschler / Stockel-Veltmann

Externes Rechnungswesen

Externes Rechnungswesen

Studienbuch für den Bachelorstudiengang

von

Klaus Mutschler

und

Christoph Stockel-Veltmann

KSV

Bibliografische Information der Deutschen Nationalbibliothek
Die Deutsche Nationalbibliothek verzeichnet diese Publikation in der Deutschen Nationalbibliografie; detaillierte bibliografische Daten sind im Internet über http://dnb.dnb.de abrufbar.

6., vollständig überarbeitete Auflage

Satz: Schreibservice Bernhardt, Witten
Druck: inprint druck und service, Erlangen

ISBN 978-3-8293-1701-6

Vorwort zur 6. Auflage

Die nunmehr sechste Auflage dieses Lehrbuches einschließlich des an der Hochschule für Polizei und öffentliche Verwaltung NRW (HSPV) genutzten Kontenplans in der aktuellen Fassung beinhaltet eine redaktionelle Überarbeitung auf der Grundlage der aktuellen Gesetzgebung für das kommunale Rechnungswesen. Hinsichtlich der zuletzt geänderten Normen erfolgte deren Auslegung mit Blick auf eine praktikable Handhabung.

Die Inhalte sind ausgerichtet an den Kompetenzzielen des Teilmoduls der Hochschule für Polizei und öffentliche Verwaltung „Externes Rechnungswesen" (6.4.1). Zudem wurden wiederum Verbesserungsvorschläge aus dem Kreis der Studentenschaft und der Lehrenden in diesem Modul aufgegriffen. Für diese Unterstützung bedanken wir uns. Die neueste Auflage bietet somit gute Möglichkeiten, die Lehrveranstaltungen nachzubereiten und dient damit letztlich auch der Klausurvorbereitung.

Dortmund und Rheine, im August 2021

Die Verfasser

Vorwort zur 1. Auflage

Die Bewirtschaftung kommunaler Ressourcen ist in den vergangenen 20 Jahren immer mehr in den Fokus öffentlicher Betrachtung gerückt. Dies liegt insbesondere daran, dass die finanziellen Mittel für die Aufgabenfülle der Gemeinden vielfach nicht mehr ausreichen und damit die Aufgabenerfüllung zusehends schwieriger wird. Angesichts knapper werdender Ressourcen ist es von großer Bedeutung mit den wenigen vorhandenen Mitteln ökonomisch umzugehen. Dabei hilft das Rechnungswesen über die Bereitstellung von Informationen. Dem Anwender des Rechnungswesens obliegt es, aus diesen Informationen die richtigen Schlüsse für sein Handeln zu ziehen. Insofern ist das Verständnis für das Rechnungswesen eine Grundvoraussetzung für eine erfolgreiche kommunale Verwaltungstätigkeit.

Das vorliegende Fachbuch ist anhand der Inhalte des Curriculums für den kommunalen Bachelorstudiengang an der FHöV NRW völlig neu konzipiert worden. Es greift alle Themen auf, die für die Thematik im Studium von Relevanz sind. Anhand diverser Beispielfälle kann das theoretische Wissen praktisch angewandt werden. Dementsprechend bietet sich das Fachbuch als eine erfolgreiche Klausurvorbereitung und letztlich als eine Vorbereitung für den alltäglichen Dienst in der Behörde an.

Oer-Erkenschwick, Dortmund und Rheine, im August 2011

Die Verfasser

Zu den Verfassern

Klaus Mutschler, Jahrgang 1958, schloss 1981 sein Studium an der FHöV NRW ab. Er absolvierte den kommunalwissenschaftlichen Studiengang an der Verwaltungs- und Wirtschaftsakademie und schloss diesen 1989 mit Erwerb des Kommunaldiploms ab. Nach Wahrnehmung von Aufgaben als Standesbeamter und im Bereich des Stadtmarketing bei der Stadt Dortmund war er seit 1992 bis 2005 dort im Rechnungswesen tätig. Stationen waren hierbei die Hauptsachbearbeitung im Bereich Grundbesitzabgaben, die Geschäftsführung des Ausschusses für Finanzen und Liegenschaften sowie der Aufbau eines Immobilienmanagements und einer Anlagenbuchhaltung. Seit Beginn des überörtlichen Modellprojektes im Jahre 1999 war er Mitglied des Projektteams der Stadt Dortmund. Neben unterschiedlichen Fortbildungsmaßnahmen zum kaufmännischen Rechnungswesen schloss er in 2003 einen Zertifikats-Lehrgang zum Bilanzbuchhalter mit Erfolg ab. Letzte Aufgabenschwerpunkte waren die inhaltliche Betreuung von Fachbereichen beim Umstellungsprozess auf das doppische Rechnungswesen sowie die Durchführung von diesbezüglichen Aus- und Fortbildungsmaßnahmen. Im September 2005 wechselte er als hauptamtlicher Dozent zur Fachhochschule für öffentliche Verwaltung NRW (heute Hochschule für Polizei und öffentliche Verwaltung NRW), zunächst Abteilung Köln, heute Abteilung Gelsenkirchen (Außenstelle Dortmund). Er vertritt dort die Fächer „Kommunales Finanzmanagement" und „Rechnungswesen".

Christoph Stockel-Veltmann, Jahrgang 1965, trat 1985 in den Dienst der Stadt Rheine ein. Nach Abschluss der Ausbildung für den gehobenen Verwaltungsdienst und einem kurzen Einsatz als Personalsachbearbeiter schloss sich von 1989 bis 1993 ein Studium der Volkswirtschaftslehre an der Westfälischen Wilhelms-Universität in Münster an. Nach Tätigkeiten als Wissenschaftlicher Mitarbeiter an der Universität Münster und als Abteilungsleiter in der Kämmerei der Stadt Telgte war er von 1999 - 2004 Leiter des „Modellprojekts zur Einführung des doppischen Kommunalhaushalts" im Finanzdezernat der Stadt Münster. In dieser Funktion war er maßgeblich an der Konzeption des „Neuen Kommunalen Finanzmanagement" (NKF) beteiligt und verantwortlich für die Umsetzung des Konzepts in fünf Pilotämtern der Stadt Münster. Seit Juli 2004 ist er hauptamtlicher Dozent an der Hochschule für Polizei und öffentliche Verwaltung NRW (früher Fachhochschule für öffentliche Verwaltung NRW) am Studienstandort Münster.

Inhaltsverzeichnis

Abkürzungsverzeichnis

AB	Anfangsbestand
Abs.	Absatz
AG	Arbeitgeber
AG	Aktiengesellschaft
AN	Arbeitnehmer
AO	Abgabenordnung
ARAP	Aktiver Rechnungsabgrenzungsposten
Ausz.	Auszahlung
AV	Anlagevermögen
bew.	bewegliches
BGA	Betriebs- und Geschäftsausstattung
BgA	Betrieb gewerblicher Art
d.b.	das bedeutet
d.h.	das heißt
EBK	Eröffnungsbilanzkonto
ER	Ergebnisrechnungskonto
EStG	Einkommenssteuergesetz
EU	Europäische Union
FHöV	Fachhochschule für öffentliche Verwaltung
GemHVO	Gemeindehaushaltsverordnung
ggü.	gegenüber
GmbH	Gesellschaft mit beschränkter Haftung
GO	Gemeindeordnung
GoB	Grundsätze ordnungsmäßiger Buchführung
GoBi	Grundsätze ordnungsmäßiger Bilanzierung
GuV	Gewinn- und Verlustrechnung
GWG	Geringwertiges Wirtschaftsgut
H	Haben
HGB	Handelsgesetzbuch
HSPV	Hochschule für Polizei und öffentliche Verwaltung NRW
i.d.R.	in der Regel
i.H.v	in Höhe von
KAG	Kommunalabgabengesetz
KLR	Kosten- und Leistungsrechnung
KomHVO	Kommunalhaushaltsverordnung
kurzfr.	kurzfristig
langfr.	langfristig
LL	Lieferungen und Leistungen
lt.	laut
MBl	Ministerialblatt
Mio.	Millionen
NKF	Neues Kommunales Finanzmanagement
NKFWG	Erstes NKF-Weiterentwicklungsgesetz
NRW	Nordrhein-Westfalen
o.ä.	oder ähnliches
PC	Personal Computer

PRAP	Passiver Rechnungsabgrenzungsposten
RdErl.	Runderlass
RHB	Roh-, Hilfs-, Betriebsstoffe
S	Soll
S.	Satz oder Seite
SD	Sach- und Dienstleistungen
sog.	sogenannte
SoPo	Sonderposten
SV	Sozialversicherung
u.a.	und anderes
u.U.	unter Umständen
USt	Umsatzsteuer
vgl.	vergleiche
VV	Verwaltungsvorschrift
z.B.	zum Beispiel
z.T.	zum Teil

A. Aufgaben und Grundlagen des Rechnungswesens

1. Aufgaben des Rechnungswesens

Öffentliche und private Betriebe stehen bei der Erledigung ihrer Aufgaben im Austausch mit anderen Betrieben und mit privaten Haushalten. Es werden dabei beispielsweise Rohstoffe eingekauft, Kredite aufgenommen, Waren eingekauft und es werden Produkte erschaffen und Leistungen erbracht, die entweder am Markt veräußert oder von den öffentlichen Betrieben auf andere Weise finanziert an ihre Kundinnen verteilt werden. Durch diesen Austausch und auch durch mitunter große öffentliche Investitionen ergeben sich für die beteiligten Akteure komplexe Waren- und Geldströme, die sich wiederum aus einer großen Anzahl einzelner Geschäftsvorfälle zusammensetzen.

Um die Vielzahl der Geschäftsvorfälle auch später und auch von sachkundigen Dritten nachvollziehen zu können, besteht eine Aufgabe des Rechnungswesens darin, das betriebliche Geschehen zu **dokumentieren**. Die Geschäftsvorfälle müssen dazu zeitlich und sachlich geordnet anhand von Belegen, wie z.B. Rechnungen, erfasst werden.

Die zur Verfügung stehenden Mittel zur Bewirtschaftung der Betriebe werden teilweise von Dritten bereitgestellt, z.B. von Kreditinstituten. Für öffentliche Betriebe und Verwaltungen ergibt sich dabei eine besondere Verantwortung, weil ausschließlich Sachwerte und Finanzmittel der Bevölkerung verwaltet werden. Gegenüber den Eigentümern dieser Sach- und Finanzmittel besteht natürlich eine besondere **Informationspflicht**. Zusätzlich müssen die Verantwortlichen belegen, dass sie die von ihnen geforderten Aufgaben mit dem Einsatz der Sach- und Finanzmittel auch erledigt haben. Der Gesetzgeber verlangt von den Verantwortlichen gegenüber den Eigentümern eine **Rechenschaft**. So sind die Betriebe gehalten Jahresabschlüsse zu fertigen, aus denen sich ein Bild der Lage des Betriebes ergibt. Dies dient letztlich auch dem Schutz externer Kapitalgeber.

Die Betriebstätigkeit ist auf Dauer ausgelegt, d.h. die Betriebsleitung muss dafür Sorge tragen, dass der Betrieb nicht in seinem Fortbestand gefährdet wird. Aufgabe des Rechnungswesens ist hier die Betriebsleitung bei der **Planung für die Zukunft zu unterstützen.**

2. Gliederung des Rechnungswesens

Der Begriff Rechnungswesen ist mit der „kaufmännischen Buchführung“ oder alternativ der „Kosten- und Leistungsrechnung“ nicht gleichzusetzen. Vielmehr handelt es sich bei den beiden Beispielen um Arten des Rechnungswesens. Das Rechnungswesen eines Unternehmens besteht somit aus diversen Arten und Teilen, die ein Unternehmen in unterschiedlicher Ausprägung einsetzen kann oder auch muss. **Wenn also vom Begriff „Rechnungswesen“ gesprochen wird, handelt es sich um einen Oberbegriff.**

Zur besseren Verständlichkeit der Zusammenhänge erfolgt eine Einteilung des Rechnungswesens in zwei Bereiche - das externe Rechnungswesen einerseits sowie das interne Rechnungswesen/ andererseits. Die Unterscheidung erfolgt anhand der Adressaten der verschiedenen Arten des Rechnungswesens.

Arten des Rechnungswesens	
Externes Rechnungswesen, hierzu gehören: • Kaufmännische Buchführung • Kameralistik	Internes Rechnungswesen, hierzu gehören: • Kosten- und Leistungsrechnung • Wirtschaftlichkeitsrechnung

2.1 Externes Rechnungswesen

Die Adressaten des externen Rechnungswesens stehen **außerhalb der betrieblichen Organisation**. Dazu gehört beispielsweise der Fiskus (das Finanzamt). Er hat ein Interesse am externen Rechnungswesen, weil mithilfe der kaufmännischen Buchführung ein Gewinn oder aber ein Verlust ermittelt wird und diese Größen für die Besteuerung maßgeblich sind. Aber auch Gläubiger – z.B. Kreditinstitute oder Lieferanten – haben ein Interesse am externen Rechnungswesen. So ist der Einblick in das externe Rechnungswesen wichtig für Kreditvergaben. Leitgedanke ist hier, ob der Betrieb seine Schulden überhaupt tragen – also Zins- und Tilgungsleistungen zahlen - kann. Letztlich hat auch die Öffentlichkeit ein Interesse am externen Rechnungswesen. So wird häufig in den Medien über die Bilanzpressekonferenzen großer Aktiengesellschaften berichtet. Die vorgelegten Ergebnisse können wiederum eine Rolle für potentielle Investoren spielen. Insofern hat die Leitung eines privaten Unternehmens ebenfalls ein Interesse am externen Rechnungswesen. Bei den privaten Unternehmen wird die kaufmännische Buchführung eingesetzt. Für die kaufmännische Buchführung werden auch die Begriffe „Doppelte Buchführung“ oder „Doppik“ verwendet. Die Landesverwaltung NRW stellt ihr externes Rechnungswesen seit geraumer Zeit von der Kameralistik auf die „staatliche doppelte Buchführung“ um.[1]. Die Kommunen in NRW sind dagegen bereits seit vielen Jahren verpflichtet, nach dem System der doppelten Buchführung alle Geschäftsvorfälle sowie die Vermögens- und Schuldenlage aufzuzeichnen[2].

---

1 Finanzministerium NRW: Umstellung des staatlichen Rechnungswesens. https://www.finanzverwaltung.nrw.de/de/umstellung-des-staatlichen-rechnungswesens (23.04.2019).

2 Vgl. § 28 Abs. 1 S. 1 KomHVO.

2.2 Internes Rechnungswesen

In Abgrenzung zum externen Rechnungswesen, dient das interne Rechnungswesen in erster Linie der Informationsversorgung der Mitglieder der betrieblichen Organisation, also z.B. für Vorstand, Führungskräfte und Mitarbeiter. Zum internen Rechnungswesen zählen die Kosten- und Leistungsrechnung sowie die Wirtschaftlichkeitsrechnung. Diese beiden Arten des Rechnungswesens liefern anderes Datenmaterial als das externe Rechnungswesen. Das hängt mit der unterschiedlichen Zielsetzung zusammen. Mithilfe des internen Rechnungswesens werden beispielsweise Preiskalkulationen für Produkte vorgenommen oder aber die Wirtschaftlichkeit bestimmter Betriebszweige untersucht und dargelegt. Vor diesem Hintergrund wird die Begrifflichkeit „internes Rechnungswesen" deutlich, denn es handelt sich um interne Vorgänge, die ein privater Betrieb nicht offenlegen wird. Insofern stellen die Daten des internen Rechnungswesens Betriebsgeheimnisse dar, denn andernfalls könnten Konkurrenten Maßnahmen ergreifen, die den Erfolg eines Betriebes gefährden.

Die hier vorgenommene Gliederung in einerseits externes und andererseits internes Rechnungswesen stellt die in der Lehre typische Einteilung dar. Sie ist für den Privatsektor gut nachvollziehbar. Für den öffentlichen Sektor greift diese Unterteilung nur bedingt. Darauf deutet schon alleine das Wort „öffentlich" hin. Grundsätzlich ist bei der öffentlichen Hand nichts geheim, sondern für die Öffentlichkeit zugänglich[3]. Die Kosten- und Leistungsrechnung wird bei den Kommunen bereits seit Jahrzehnten für die Kalkulation von Benutzungsgebühren genutzt. Letztlich geht es darum den „Preis" für eine bestimmte Leistung der Kommune zu ermitteln.

Als Beispiel sei hier auf die Ermittlung der Gebühren für die Abfallbeseitigung verwiesen. Der Gebührenzahler soll einen Einblick in die Ermittlung der Gebührensätze für die Mülltonnenleerung bekommen. Dies ist vor dem Hintergrund nachvollziehbar, als dass der Gebührenzahler zur Abnahme der angebotenen Leistung verpflichtet ist. Er hat die Leistung der Mülltonnenleerung, die ihm die Verwaltung zur Verfügung stellt, abzunehmen. Daraus ergibt sich ferner seine Pflicht, für diese Leistung eine Gebühr zu zahlen. Aus diesen Pflichten des Gebührenzahlers ergibt sich aber auch, dass die vorgenommene Kalkulation der Gebühren durch Dritte nachvollziehbar sein muss. Gebühren dürfen die Gemeinden nur auf Grund einer Satzung erheben.[4] Dem Erlass einer Satzung gehen die öffentlichen Beratungen des Rates einer Gemeinde voraus. Insofern ist gewährleistet, dass über die öffentliche Beratung des Erlasses einer Satzung, der Öffentlichkeit ein Einblick in die Kalkulation der Gebühren und somit auch in die Kosten- und Leistungsrechnung ermöglicht wird.

---

[3] Einschränkungen ergeben sich durch eine Vielzahl rechtlicher Normen z.B. aufgrund des Datenschutzes.

[4] Vgl. § 1 Abs. 1 und § 2 Abs. 1 KAG.

3. Grundsätze ordnungsmäßiger Buchführung

Für ein einheitliches Rechnungswesen, das auch der kritischen Betrachtung Dritter standhält, ist es wichtig, dass alle Anwender des Rechnungswesens die gleichen Grundregeln beherzigen. Bezogen auf die doppelte Buchführung der Privatwirtschaft kann zum einen festgestellt werden, dass hierfür die gesetzlichen Regelungen aus dem Handels- und Steuerrecht Anwendung finden. Die doppelte Buchführung der Kommunen wird des Weiteren geprägt von den Regelungen der Gemeindeordnung NRW sowie der Kommunalhaushaltsverordnung NRW. Beide regeln an diversen Stellen[5], dass die sog. Grundsätze ordnungsmäßiger Buchführung (GoB) zu berücksichtigen sind. Dabei handelt es sich um teilweise nicht kodifizierte, sondern über althergebrachte Kaufmannssitten aber auch durch die Rechtsprechung geschaffene Regeln für die Buchführung. Die folgende Grafik stellt eine Übersicht der GoB für Kommunen dar:

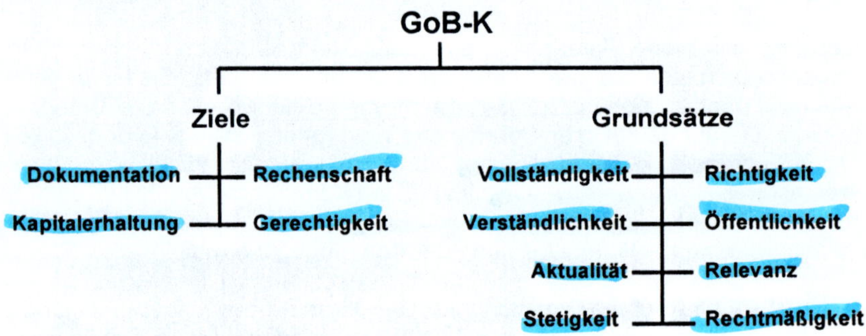

3.1 Dokumentation

Oberstes Ziel der Buchführung ist es, einen fundierten Nachweis über die wirtschaftliche Situation einer Gemeinde zu erhalten. Dazu ist es notwendig, jeglichen Geschäftsvorfall zu erfassen, der diese Situation beeinflusst. Es soll somit durch die Buchführung ein lückenloses Abbild der Güter-, Ertrags- und Aufwendungs- sowie Zahlungsbewegungen erfolgen. Dabei ist es wichtig, die konkrete Realität zu dokumentieren, indem realitätsbezogene Bewertungen und Buchungen zeitnah durchgeführt werden.

3.2 Rechenschaft

Ein weiteres wichtiges Ziel stellt die Rechenschaft über das kommunale Finanzmanagement dar. Die Öffentlichkeit hat aufgrund der sich aus der Gemeindeordnung ergebenden Rechte Anspruch auf Informationen zur Vermögens-, Finanz- und Ertragslage der Gemeinde. Eine solche Information kann es nur geben, wenn die Geschäftsvorfälle auch ordnungsgemäß gebucht und zudem in einem ordnungsgemäßen Jahresabschluss dokumentiert werden.

5 Vgl. z.B. § 93 Abs. 1 S.2 GO oder § 38 Abs. 1 S.1 KomHVO.

3.3 Kapitalerhaltung und intergenerative Gerechtigkeit

Ein Unternehmen, das sein Vermögen auf Dauer nicht erhalten kann, wird nicht bestehen können. Zwar unterliegen die Kommunen keinem Insolvenzverfahren, jedoch muss der Grundgedanke jeglicher kommunalen Tätigkeit daran ausgerichtet sein, das kommunale Vermögen zu erhalten. Wird das für die Aufgabenerfüllung benötigte kommunale Vermögen nicht auf Dauer erhalten, sondern ständig ohne Erneuerung verbraucht, lebt die Bevölkerung einer Periode zu Lasten der Bevölkerung der nächsten Perioden. Daher beinhaltet der Grundsatz der intergenerativen Gerechtigkeit, dass die jeweilige Abrechnungsperiode mit dem tatsächlich entstandenen Ressourcenverbrauch belastet wird. Im Gegenzug soll in derselben Abrechnungsperiode der entsprechende Ressourcenverbrauch auch finanziert werden, d.h. durch Erträge erwirtschaftet werden. Vorgriffe auf spätere Perioden sowie deren ungerechtfertigte Belastungen sind zu vermeiden. Insofern muss der Grundsatz der intergenerativen Gerechtigkeit im Zusammenhang mit dem Grundsatz der Kapitalerhaltung gesehen werden.

3.4 Vollständigkeit

In der Buchführung sind alle Geschäftsvorfälle sowie die Vermögens- und Schuldenlage vollständig zu erfassen. Der Grundsatz besagt, dass jeglicher - auch noch so geringer - Geschäftsvorfall mit Auswirkung auf die Rechnungskomponenten (Bilanz, Ergebnis- und Finanzrechnung) sachgerecht zu dokumentieren ist.

3.5 Verständlichkeit, Richtigkeit und Willkürfreiheit

Die Geschäftsvorfälle sind richtig und geordnet zu erfassen. Damit wird erreicht, dass die Aufzeichnungen möglichst realitätsgerecht (d.h. die sachlich und in der Höhe richtigen Beträge auf den richtigen Konten) erfolgen. So sind beispielsweise Scheinbuchungen oder willkürliche Buchungen zur Beeinflussung des Jahresergebnisses rechtswidrig. Hilfsmittel für eine sachliche Ordnung ist dabei der Kontenrahmen für Kommunen, der eine Mindestgliederung für die Buchführung vorsieht. Damit werden die Buchungen systematisiert, was wieder die Lesbarkeit und Vergleichbarkeit mit Vorperioden oder anderen Gemeinden erleichtert. Als die Buchführung unterstützendes Dokument sind zudem Belege zu erstellen, die die Buchungen begründen (begründende Unterlagen).

3.6 Öffentlichkeit

Für die Buchführung besteht die Verpflichtung, die Informationen des Rechnungswesens für den Rat und die Einwohner- bzw. Bürgerschaft als Öffentlichkeit so aufzubereiten und verfügbar zu machen, dass die wesentlichen Informationen über die Vermögens- und Schuldenlage klar ersichtlich und verständlich sind. Damit besitzt die Allgemeinheit die Möglichkeit, Buchführungsinformationen in gebündelter Form zu erhalten. Ohne Buchführungsinformationen kann nämlich keine Übersicht über die Vermögens- und Schulden- sowie Finanz- und Ertragslage der Gemeinde erlangt werden. Zwar erhalten Dritte keinen Anspruch auf Einsichtnahme in die Belege und die Einzelbuchungen, zusammen gefasste Daten aus der Buchführung sind jedoch bereit zu halten. Dieses kann durchaus Ergebnis eines systematischen Berichtswesens sein, das der Bevölkerung zugänglich gemacht wird, so z.B. auch über die örtliche Presse oder den gemeindeeigenen Internetauftritt.

3.7 Aktualität

Die Buchungen haben zeitnah zu erfolgen. Das bedeutet, dass beim Entstehen eines Geschäftsvorfalles mit Auswirkungen auf die Rechnungskomponenten (Bilanz, Ergebnis- und Finanzrechnung) unverzüglich die notwendige buchhalterische Erfassung herbeizuführen ist. Nur so kann erreicht werden, dass für alle Beteiligten im Finanzmanagementprozess die für Managemententscheidungen wichtigen Daten sofort verfügbar sind. Wäre dieses nicht der Fall, könnten Fehlentscheidungen mit wirtschaftlichen Nachteilen für die Gemeinde entstehen. Erfolgte beispielsweise die Buchung einer Forderung nicht unverzüglich nach ihrem Entstehen, könnte dies z.B. Fehlentscheidungen bei der Liquiditätsplanung zur Folge haben.[6]

3.8 Relevanz

Das Rechnungswesen und damit die Buchführung müssen alle Informationen bieten, die für die Rechenschaftslegung notwendig sind, sich jedoch im Hinblick auf die Wirtschaftlichkeit und Verständlichkeit auf die relevanten, also erheblichen und wichtigen Daten beschränken. Dieser Grundsatz steht auf den ersten Blick im Widerspruch zum Grundsatz der Vollständigkeit. Das ist jedoch nicht der Fall, da der Grundsatz der Vollständigkeit auf die spezielle Buchung abstellt und somit für jeden Geschäftsvorfall eine konkrete Buchung verlangt. Der Grundsatz der Relevanz dagegen bezieht sich mehr auf die Rechnungslegung und die Rechenschaft. Hier ist es sogar effektiver, die wichtigsten Daten in zusammengefasster Form darzustellen, wobei unerhebliche Positionen ohnehin zusammengefasst werden.

3.9 Stetigkeit

Die Stetigkeit des Rechnungswesens ist ein wichtiger Grundsatz, um die finanzielle Entwicklung der Gemeinde zu beurteilen und über mehrere Perioden zu verfolgen. Änderten sich laufend die Buchführungs- und Bewertungsmethoden, wäre ein Vergleich mit Vorperioden erschwert, wenn nicht sogar unmöglich. Insofern fehlte eine wichtige Analysemöglichkeit im kommunalen Finanzmanagement sodass das Controlling erschwert wird. Es kann allerdings durchaus aus sachlichen Gründen notwendig sein, Änderungen in der Buchführung und der Rechnungslegung vorzunehmen. Diese notwendigen Anpassungen sind dann besonders kenntlich zu machen.

---

6 In der Praxis wird die Liquiditätsplanung u.a. mit Hilfe von Kennziffern dv-mäßig durchgeführt. So werden z.B. bei der so genannten umsatzbedingten Liquiditätsanalyse (Liquiditätsgrad II) die Forderungen mit eingerechnet.

3.10 Recht- und Ordnungsmäßigkeit

Im Jahresabschluss ist deutlich zu machen, dass im Finanzmanagement die materiellen Rechtsvorschriften eingehalten und damit die Ordnungsmäßigkeit der Haushaltswirtschaft herbeigeführt wurde. Sollte dieses nicht der Fall sein, müsste der Rat nach § 96 Abs.1 Sätze 4 und 5 GO dem Bürgermeister die Entlastung verweigern, soweit es sich nicht nur um geringfügige behebbare Mängel handelt.

Die Recht- und Ordnungsmäßigkeit abzusichern, ist auch Aufgabe der Rechnungsprüfung nach § 101 GO. Rechts- oder ordnungswidrige Buchungen sind von der Rechnungsprüfung zu beanstanden. Die Beanstandungen bedingen, dass die Mängel durch die die Buchungen veranlassenden Dienststellen beseitigt werden. Schließlich erfolgt gemäß § 102 GO auch eine Prüfung der Gesamtrechnungslegung, bevor der Rat den Jahresabschluss beschließt. Letztlich überwacht auch die Gemeindeprüfungsanstalt NRW im Rahmen der überörtlichen Prüfung gemäß § 105 Abs. 3 GO die Recht- und Ordnungsmäßigkeit der Haushalts- und Wirtschaftsführung der Gemeinde. Insofern bestehen eine Reihe von Mechanismen und Verfahren zur Absicherung dieses Grundsatzes ordnungsmäßiger Buchführung.

B. Rechnungsstoff und Rechnungsgrößen

Das interne sowie das externe Rechnungswesen eines Unternehmens, einer Gemeinde oder eines Gemeindeverbands dienen dazu, zielgerichtet Informationen für festgelegte Zwecke und bestimmte Adressaten zu erfassen, aufzubereiten und zur Verfügung zu stellen. Dabei wird je nach konkretem Zweck der jeweiligen Betrachtung sorgfältig unterschieden, was genau erfasst und analysiert werden soll. Der jeweilige Rechnungsstoff, also der konkrete Inhalt des Rechnungswesens wird anhand von vier Begriffspaaren bestimmt, die im Folgenden im Mittelpunkt dieses Kapitels stehen:

Rechnungsstoff:		**Finden Anwendung im:**
Einzahlung	Auszahlung	Externen Rechnungswesen
Einnahme	Ausgabe	
Ertrag	Aufwand	
Leistung	Kosten	Internen Rechnungswesen

Der Rechnungsstoff, der im externen Rechnungswesen verwendet wird, bezieht sich grundsätzlich auf die Änderung von Wertgrößen, die in der Bilanz erfasst werden. Die einzelne positive oder negative Änderung der jeweiligen Wertgröße wird mit Hilfe der jeweiligen Rechnungsgrößen (Einzahlung/Auszahlung, Einnahme/Ausgabe, Ertrag/Aufwand) erfasst. Für die Rechnungsgrößen „Leistung“ und „Kosten“, die im internen Rechnungswesen von Bedeutung sind, spielt dagegen die bilanzielle Darstellung keine Rolle.

1. Rechnungsgrößen im externen Rechnungswesen

Da sich die Rechnungsgrößen im externen Rechnungswesen auf Bilanzpositionen beziehen, muss zunächst der Inhalt einer einfachen Bilanz zu Grunde gelegt werden. Mit Hilfe der Bilanz versucht der Rechnungslegende (z.B. die Gemeinde) seine wirtschaftliche Situation mit einfachen Mitteln möglichst genau abzubilden. Dafür ist es erforderlich, alle Vermögenswerte und alle Schulden zu erfassen und in einer einheitlichen Recheneinheit, d.h. in €, zu bewerten. Die Gegenüberstellung der so ermittelten Werte stellt bereits das Grundgerüst einer Bilanz dar:

Vermögenswerte:	**Schulden:**
z.B. Grundstücke, Gebäude, Maschinen	z.B. Bankdarlehen, Überziehungskredite
z.B. Bankguthaben, Kassenbestand	z.B. Lieferverbindlichkeiten

Um aus den ermittelten Werten eine Bilanz zu erstellen, fehlen nur noch wenige Schritte. Zunächst werden die Vermögenswerte nach Ihrem voraussichtlichen Verbleib im Unternehmen sortiert. Dabei wird zwischen dem Teil des Vermögens, der dauerhaft im Unternehmen gebunden ist (Anlagevermögen) und dem Teil, der nur vorübergehend benötigt wird (Umlaufvermögen) unterschieden:

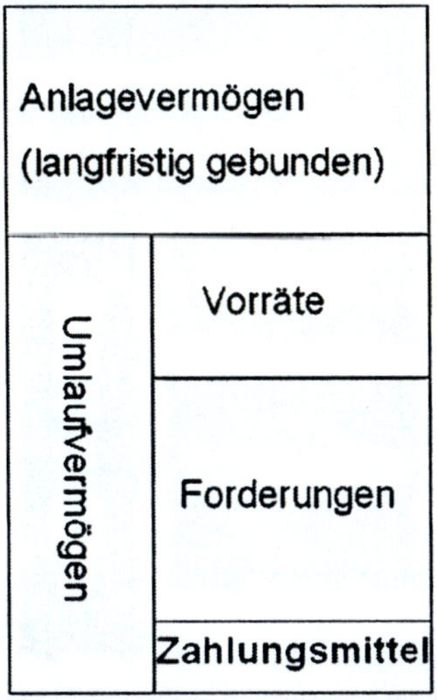

Auch die erfassten Schulden werden nach ihrer Fristigkeit sortiert. Neben den bereits genannten Bankdarlehen, Überziehungskrediten und Lieferverbindlichkeiten werden auch ungewisse Verbindlichkeiten, d.h. Schulden, bei denen noch nicht genau bekannt ist, ob und in welcher Höhe sie tatsächlich zurückzuzahlen sind, als Rückstellungen erfasst. Die Schulden werden auch als Fremdkapital bezeichnet:

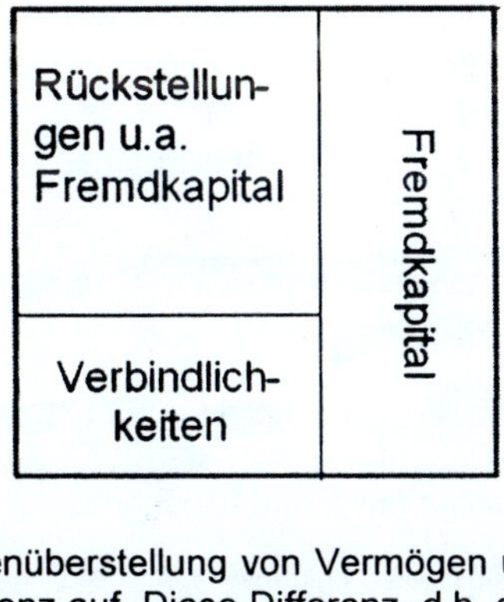

Die wertmäßige Gegenüberstellung von Vermögen und Fremdkapital zeigt nun in aller Regel eine Differenz auf. Diese Differenz, d.h. der wertmäßige Überhang des Vermögens gegenüber dem Fremdkapital, wird als Eigenkapital oder Reinvermögen bezeichnet. Das Eigenkapital oder Reinvermögen beziffert demnach den Teil des Vermögens, der nicht durch Fremdkapital finanziert ist.

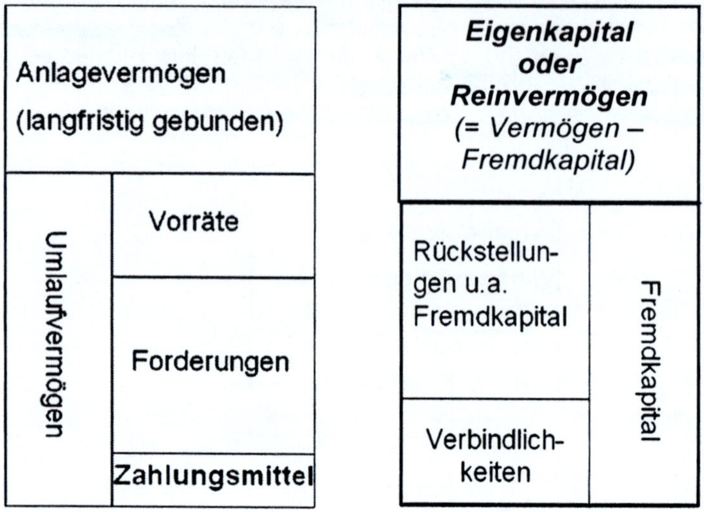

Um nun aus diesen Informationen auch formal eine vollständige Bilanz zu erhalten, muss man die Vermögensseite (links) nur noch mit „Aktiva" und die Kapitalseite (rechts) nur noch mit „Passiva" überschreiben und die Positionen in Kontenform darstellen.

Da es hier aber um die Rechengrößen im externen Rechnungswesen geht, ist dieser formale Schritt noch nicht erforderlich.

Für das weitere Verständnis ist es allerdings wichtig, zu erkennen, dass es sich bei der hier erarbeiteten Gegenüberstellung von Vermögen und Kapital um eine statische Darstellung handelt, die immer nur bezogen auf einen ganz bestimmten Zeitpunkt ermittelt werden kann.

Bei den Rechengrößen, die im Folgenden betrachtet werden, handelt es sich dagegen um die Veränderung dieser statischen Werte innerhalb eines bestimmten Zeitraums, d.h. es handelt sich um sog. Stromgrößen.

1.1 Die Änderung des Bestands an Zahlungsmitteln: Einzahlung und Auszahlung

Der Bestand an Zahlungsmitteln wird als Teil des Umlaufvermögens auf der Aktivseite der Bilanz dargestellt. Er umfasst den Kassenbestand (Bargeld) und Guthaben auf Bankkonten, die fristlos fällig sind (Buchgeld auf Sichtkonten).

> Eine **Einzahlung** ist ein Zufluss an Zahlungsmitteln. Eine **Auszahlung** bezeichnet den Abfluss an Zahlungsmitteln.[1]

---

[1] Vgl. Biskoping-Kriening, Öffentliche Jahresabschlüsse im NKF – Grundlagen für Kommunen, Eigenverlag, Düsseldorf 2015, S. 82 f.

Jede von einem Unternehmen oder der Gemeinde ausgeführte Barzahlung bei einem Kauf und jede Überweisung eines Rechnungsbetrags stellt demnach eine Auszahlung dar. Eine Einzahlung liegt dagegen vor, wenn ein Kunde oder Bürger eine offene Forderung begleicht, indem er den Betrag bar bezahlt oder überweist.

1.2 Die Änderung des Bestands an Geldvermögen: Einnahme und Ausgabe

Das „Geldvermögen" ist im Gegensatz zu den Zahlungsmitteln keine eigenständig ausgewiesene Bilanzposition. Es lässt sich aber rechnerisch aus der Summe der Bilanzpositionen Forderungen und Zahlungsmittel abzüglich der Verbindlichkeiten errechnen:

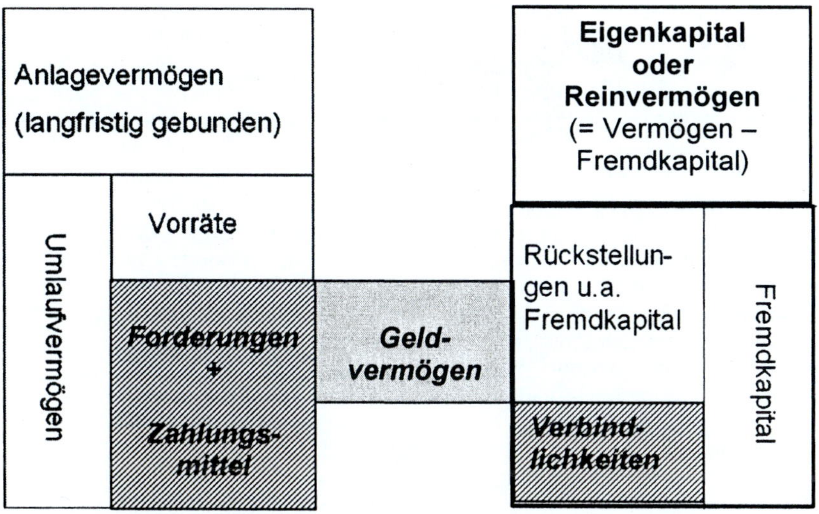

Das Geldvermögen zeigt demnach welche Mittel nach Eingang aller offenen Forderungen und Begleichung aller bestehenden Verbindlichkeiten noch zur Verfügung stehen, um z.B. Beschaffungen tätigen zu können. Eine Änderung des Geldvermögens ergibt sich i.d.R. durch das Entstehen rechtlicher Zahlungsverpflichtungen, z.B. durch Kauf, Verkauf oder eine Gebührenveranlagung. Dabei kommt es, im Gegensatz zum Zahlungsbegriff, nicht darauf an, ob eine Barzahlung oder sofortige Überweisung der Zahlungsverpflichtung erfolgt. Wird nämlich die Rechnung nicht sofort beglichen, entsteht eine Forderung bzw. eine Verbindlichkeit, die sich ebenso auf die Höhe des Geldvermögens auswirkt, wie eine Änderung des Zahlungsmittelbestands.

Eine **Einnahme** ist eine Erhöhung des Bestands an Geldvermögen. Eine **Ausgabe** bezeichnet eine Minderung des Bestands an Geldvermögen.

Da sich das Geldvermögen aus mehreren Bestandsgrößen zusammensetzt, kann auch die Situation eintreten, dass sich bei einem Geschäftsvorfall unterschiedliche Änderungen dieser Größen ergeben und u.U. gegenseitig kompensieren. Wird z.B. eine bereits bestehende Verbindlichkeit über 100 € durch Überweisung beglichen, reduziert sich der Bestand an Verbindlichkeiten in derselben Höhe wie der Bestand an Zahlungsmitteln. Das Geldvermögen ändert sich folglich nicht. Bei der Überweisung handelt es sich demnach nicht um eine Ausgabe. Die Ausgabe lag nämlich bereits zu dem Zeitpunkt vor, als die Verbindlichkeit entstanden ist.

1.3 Die Änderung des Bestands an Eigenkapital: Ertrag und Aufwand

Wie oben bereits dargestellt, wird in der Bilanz die rechnerische Differenz aus dem Wert aller Vermögensgegenstände und dem Wert aller Schulden als Eigenkapital oder Reinvermögen bezeichnet. Die Bilanzposition „Eigenkapital" wird zwar auch in € bewertet, ist aber eine abstrakte, d.h. nicht greifbare Größe, die gleichwohl für eine Beurteilung der finanziellen Situation eines Unternehmens oder einer Gemeinde von großer Bedeutung ist. So weist z.B. die Bilanz einer Gemeinde, die ihr gesamtes Vermögen über Kredite finanziert hat kein Eigenkapital aus. Wichtiger noch als die absolute Höhe des Eigenkapitals für die Beurteilung der wirtschaftlichen Situation ist aber noch dessen Veränderung im Zeitablauf. Vermindert sich nämlich das Eigenkapital in einer Rechnungsperiode, bedeutet dies, dass sich entweder die Schulden schneller erhöhen als das Vermögen oder dass sich das Vermögen schneller vermindert als die Schulden. Im Bereich der öffentlichen Verwaltung wird in diesen Fällen von einem Verstoß gegen das Prinzip der intergenerativen Gerechtigkeit gesprochen. Konkret bedeutet dies, dass innerhalb der betroffenen Rechnungsperiode mehr Vermögen verbraucht wurde, als über Steuern u.Ä. zugeflossen ist.

Die Definition von Ertrag und Aufwand kann daher auf der einen Seite rein formal aus der Logik der Bilanz erfolgen:

> Ein **Ertrag** ist eine Erhöhung des Eigenkapitals. Ein **Aufwand** bezeichnet die Verminderung des Eigenkapitals.

Ein Ertrag kann sich demnach z.B. aus einer Erhöhung des Vermögens ergeben, die nicht gleichzeitig durch eine Erhöhung des Fremdkapitals kompensiert wird. Er kann aber auch aus einer Verminderung des Fremdkapitals bei gleichbleibendem Vermögen resultieren.

Ein Aufwand ergibt sich entsprechend durch eine Verminderung des Vermögens ohne gleichzeitige Kompensation durch eine Verminderung des Fremdkapitals oder durch eine Erhöhung des Fremdkapitals bei gleichbleibendem Vermögen.

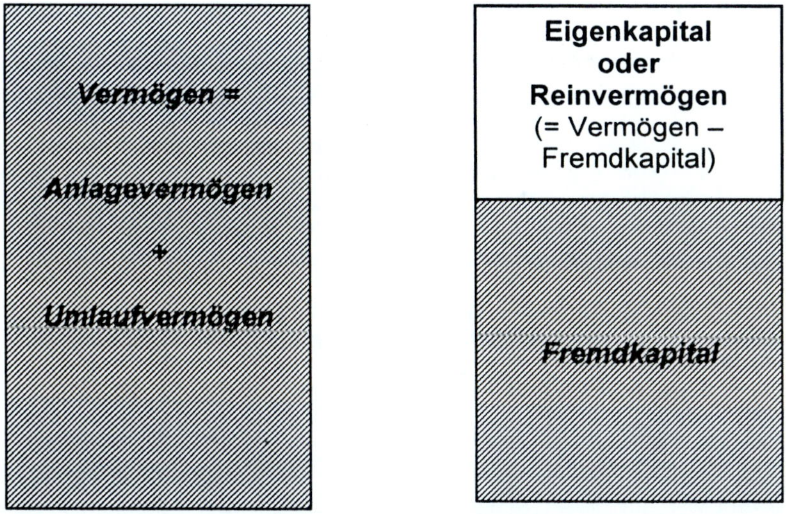

Inhaltlich entspricht die Änderung des Eigenkapitals einem (Netto-) Wertezuwachs oder einem (Netto-) Werteverzehr:

> Ein **Ertrag** ist jeder Wertezuwachs innerhalb einer Rechnungsperiode. Ein **Aufwand** bezeichnet jeden Werteverzehr innerhalb einer Rechnungsperiode.

Wie bei den Ausgaben und Einnahmen ist auch für einen Ertrag oder Aufwand ein Zu- oder Abfluss von Zahlungsmitteln nicht zwingend erforderlich. So vermindert sich z.B. der Wert eines vorhandenen PC durch Nutzung oder allein durch Zeitablauf. Dieser Werteverzehr stellt Aufwand dar, ohne dass es in der gleichen Rechnungsperiode zu einem Zahlungsvorgang kommt. Auch eine Erhöhung der Forderungen z.B. durch den Versand eines Hundesteuerbescheids durch die Gemeinde stellt für diese bereits einen Ertrag dar, ohne dass bislang Geld auf dem Konto der Gemeinde eingegangen ist. Festzustellen bleibt aber, dass für die Bewertung des Wertezuwachses bzw. des Werteverzehrs grundsätzlich die Zahlungen maßgeblich sind. Dabei können der Zahlungsvorgang und der Werteverzehr durchaus zeitlich weit auseinanderliegen.

Für die Einordnung in die Kategorie „Ertrag" oder „Aufwand" ist die Darstellungsweise im Jahresabschluss oder in der Haushaltsplanung und auch die Buchungstechnik unmaßgeblich. So ändert z.B. die Pflicht zu einer unmittelbaren Verrechnung von Erträgen und Aufwendungen mit dem Eigenkapital nach § 44 Abs. 3 KomHVO nichts daran, dass es sich in diesen Fällen um Wertezuwachs bzw. Werteverzehr innerhalb der Rechnungsperiode und damit um Ertrag bzw. Aufwand handelt.[2]

---

2 Vgl. hierzu im Einzelnen: Fritze/Mutschler/Stockel-Veltmann, Kommunales Finanzmanagement NRW, 8. Auflage Witten 2020.

2. Rechnungsgrößen im internen Rechnungswesen

Beschäftigt man sich mit den verschiedenen Rechnungsgrößen im Rechnungswesen kommt man an der Unterscheidung zwischen den jeweiligen Rechnungsgrößen im externen und internen Rechnungswesen nicht vorbei. Während sich die Rechnungsgrößen im externen Rechnungswesen vollständig aus den Bilanzwerten herleiten lassen, sind die Rechnungsgrößen des internen Rechnungswesens davon grundsätzlich unabhängig. Sie ergeben sich vielmehr aus dem Zweck des internen Rechnungswesens und werden nicht normativ, sondern durch die betriebswirtschaftliche Literatur und die Praxis bestimmt.

Die Bezüge des internen Rechnungswesens und des zu Grunde liegenden Rechnungsstoffs zum externen Rechnungswesen und zum Kommunalen Finanzmanagement sind vielfältig. Von Bedeutung sind dabei insbesondere die Rechnungsgrößen „Kosten“ und „Leistungen“ auf die sich u.a. das Kommunalabgabengesetz NRW bei der Festlegung von Gebührensätzen in § 6 KAG ausdrücklich bezieht.

Gleichwohl wird an dieser Stelle auf die Erläuterung der Rechnungsgrößen im internen Rechnungswesen verzichtet, da diese durchaus komplexe Thematik nicht Bestandteil des Moduls Externes Rechnungswesens ist.[3]

3. Übungsaufgaben

Aufgabe 1

Aufgabe: Markieren Sie, welche Rechnungsgrößen bei den nachfolgenden Sachverhalten betroffen sind:

Sachverhalt	Einzahlung	Einnahme	Ertrag
1. Das Steueramt erstellt Hundesteuerbescheide und versendet diese an die Hundehalter. Die Hundesteuer ist sofort fällig.		X	X
2. Auf dem Girokonto gehen die ersten Hundesteuerzahlungen ein.	X		
3. Die Stadt nimmt ein Darlehen auf. Der Darlehensbetrag wird dem Konto der Stadt sofort gutgeschrieben.	X		
4. Auf dem Bankkonto geht eine Spende des örtlichen Buchhändlers für die Durchführung einer Autorenlesung in der Stadtbücherei ein.	X	X	X

[3] Vgl. hierzu die Ausführungen in: Bröer/Mankel/Odenthal/Wagner, Kosten- und Leistungsrechnung, Wirtschaftlichkeitsrechnung und Finanzierung für den Bachelorstudiengang, 6. Auflage Witten 2021.

5. Auf dem Konto geht der Betrag für die bereits im Vorjahr fällige Straßenreinigungsgebühr ein.	X		
6. Per Bareinzahlung tilgt ein Mitarbeiter ein im Vorjahr erhaltenes Arbeitgeberdarlehen.	X		
7. Auf dem Bankkonto der Stadt geht der Kaufpreis für das Theaterabonnement für die laufende Saison von einem Abonnenten ein.	X	X	X
8. Der Bestand der Barkasse wird am Abend auf das städtische Konto eingezahlt.	/	/	/

Sachverhalt	**Aus-zahlung**	**Ausgabe**	**Aufwand**
9. Die Mitarbeiter bekommen ihren Lohn für April überwiesen.	X	X	X
10. Der Kämmerer erhält im Juni eine Lohnvorauszahlung.	X		
11. Für den Bürgermeister wird im Oktober beim örtlichen KFZ-Händler ein neuer Dienstwagen bestellt.	/	/	/
12. Der Hausmeister kauft sich ein Dienstfahrrad und bezahlt in bar.	X	X	/
13. Der Winterdienst verbraucht Streugut aus dem Lager des Baubetriebshofes.			X
14. Mitarbeiter der Berufsfeuerwehr werden am Wochenende für eine Altkleidersammlung des DRK eingesetzt. Die geleisteten Stunden werden als Überstunden gutgeschrieben.			X
15. Ein Darlehen wird vollständig getilgt.	X		
16. Im Januar erhält die Stadt eine nicht erwartete Nachberechnung des Energieverbrauchs des Vorjahres. Es müssen mehrere Tausend Euro nachgezahlt werden.		X	X
17. Die Stadt überweist den fälligen Betrag (siehe vorheriger Sachverhalt) an die Stadtwerke.	X		

Lösung:

Sachverhalt	Einzahlung	Einnahme	Ertrag
1.		x	x
2.	x		
3.	x		
4.	x	x	x
5.	x		
6.	x		
7.	x	x	x
8.			
Sachverhalt	**Auszahlung**	**Ausgabe**	**Aufwand**
9.	x	x	x
10.	x		
11.			
12..	x	x	
13.			x
14.			x
15.	x		
16.		x	x
17.	x		

Aufgabe 2

Aufgabe:
Nennen Sie jeweils zwei Beispiele aus dem Bereich einer Kommunalverwaltung für folgende Kombinationen:

a) Auszahlung = Ausgabe

b) Ausgabe = Aufwand

c) Aufwand ≠ Ausgabe

d) Auszahlung ≠ Ausgabe

e) Einzahlung ≠ Ertrag

f) Einnahme = Einzahlung

Lösungsvorschläge:

a) Auszahlung = Ausgabe
Gehaltsüberweisung, Barkauf von Treibstoff

b) Ausgabe = Aufwand
Gehaltszahlung, Rechtsberatung durch einen Anwalt, Kauf von Material zum sofortigen Verbrauch

c) Aufwand ≠ Ausgabe
Bilanzielle Abschreibungen, Totalschaden eines LKW

d) Auszahlung ≠ Ausgabe
Bezahlung eines Lieferantenkredits, Gewährung eines Arbeitgeberdarlehens

e) Einzahlung ≠ Ertrag
Kreditaufnahme, Rückzahlung eines Arbeitnehmerdarlehens, Begleichung einer bereits vorhandenen Forderung

f) Einnahme = Einzahlung
Barverkauf von Familienstammbüchern, Schadensregulierung durch eine Versicherung, Eingang eines Verwarnungsgeldes

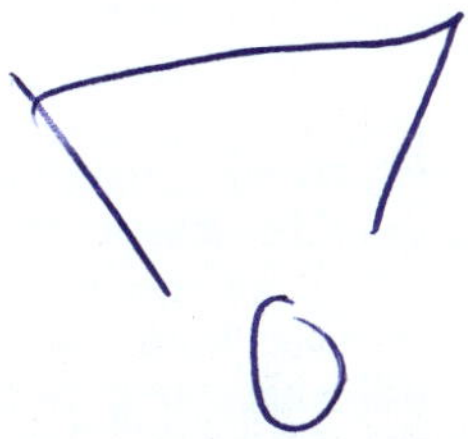

C. Doppelte Buchführung im NKF

1. Aufgaben und Grundlagen

1.1 Von der Inventur zur Bilanz

Ein Betrieb setzt Vermögensgegenstände für die Erstellung seiner Produkte und Dienstleistungen ein. Im Bereich der öffentlichen Verwaltung werden i.d.R. Dienstleistungen erbracht. Dabei reicht das weite Spektrum der erbrachten Dienstleistungen von der Betreuung von Jugendlichen im Rahmen der Jugendhilfe über das Ausstellen von Personalausweisen bis zur Entsorgung des Haushaltsmülls. Allen diesen beispielhaften Dienstleistungen ist gemein, dass hierfür Produktionsfaktoren[1] benötigt werden. Für die Entsorgung des Haushaltsmülls benötigt eine Kommune zunächst geschultes Personal, das die Arbeit ausführt und dafür im Gegenzug ein Gehalt bekommt.

Ferner wird für die Erbringung dieser Dienstleistung ein geeignetes Müllfahrzeug benötigt und natürlich Mülltonnen, in denen der Müll gesammelt wird. Oftmals halten die Kommunen für die städtischen Fahrzeuge eigene Kfz-Werkstätten vor, d.h. es sind neben den Fahrzeugen auch Immobilien vorhanden, die zumindest mittelbar an der Erstellung der Dienstleistung „Müllentsorgung" beteiligt sind.

Die doppelte Buchführung ist nunmehr das Werkzeug, mithilfe dessen diese Sachverhalte im Rechnungswesen abgebildet werden.

Im Zusammenhang mit der Bereitstellung von Vermögensgegenständen entstehen auch Unterhaltungsaufwendungen für Reparaturen, schließlich handelt es sich um Vermögen, das dem Gemeinwesen gehört und pfleglich behandelt werden muss. Grundlegende Voraussetzung dafür ist, dass die Kommune überhaupt weiß, welche Vermögensgegenstände im Eigentum der Gemeinde stehen. Diese Feststellung wird über eine **Inventur** getroffen. Dabei handelt es sich um den Vorgang zur Erfassung aller Vermögenswerte durch „Zählen" oder „Messen" oder „Wiegen" - je nachdem um welche Art von Vermögensgegenstand es sich handelt. Daneben können weitere Inventurverfahren zum Einsatz kommen, da nicht alle Vermögenswerte körperlich sind. So ist eine Inventur bestehender Patentrechte nur anhand von Verträgen möglich. Eine körperliche Erfassung scheidet hierfür aus.

Die Inventur bei einer Kommune erfolgt stets zum 31.12. eines Jahres[2]. Wie eine Inventur durchgeführt wird liegt in der Organisationshoheit der jeweiligen Kommune[3]. In der Praxis ist jedoch zu beobachten, dass dazu eigene Inventurteams gebildet werden, um eine nach einheitlichen Maßstäben durchgeführte Inventur sicherzustellen. Die Ergebnisse der Inventur werden in Zähllisten dokumentiert. Hier werden **die Anzahl, die Art und auch der Zustand** der jeweiligen Vermö-

---

[1] Unter Produktionsfaktoren versteht man in der Betriebswirtschaft die Arbeitskraft, die Betriebsmittel und die Werkstoffe, vgl. Klümper/Möllers/Zimmermann, Verwaltungsorganisation und Personalwirtschaft, 10. Auflage Wuppertal 2008.

[2] Vgl. § 91 Abs. 1 S.1 GO i.V.m. § 78 Abs. 4 GO.

[3] Vgl. § 29 Abs. 2 KomHVO.

gensgegenstände festgestellt. Der Zustand der einzelnen Vermögensgegenstände spielt eine wichtige Rolle für ihre Bewertung. Es liegt auf der Hand, dass ein Bürostuhl, dessen Sitzfläche durchgesessen ist, einen geringeren Vermögenswert darstellt, als ein unbeschädigter Bürostuhl.

Im Rahmen der Inventur wird neben der Feststellung des Vermögensbestandes ebenfalls der Bestand der Schulden ermittelt. Dazu zählen beispielsweise Darlehen bei Banken. Die im Rahmen der Inventur gewonnenen Daten münden in das sog. **Inventar**[4]. Im Folgenden ist ein vereinfachtes Beispielinventar abgedruckt:

Inventar der kleinen kreisangehörigen Gemeinde D. zum 31.12.2021:

I.	Vermögensgegenstände	Mengen:	Werte in €
	a) Unbebaute Grundstücke	**15.000 m²**	**900.000**
	b) Bebaute Grundstücke, davon:	**5.000 m²**	**3.700.000**
	1 Jugendeinrichtung,	*500 m²*	*370.000*
	1 Schule,	*2.500 m²*	*1.850.000*
	1 Rathaus	*2.000 m²*	*1.480.000*
	c) Fahrzeuge, davon:		**620.000**
	Bagger der Marke X	*2 Stück*	*400.000*
	Bus der Marke Y	*1 Stück*	*150.000*
	PKW der Marke Z	*3 Stück*	*70.000*
	d) Betriebs- und Geschäftsausstattung		**200.000**
	e) Vorräte, davon:		**9.300**
	Kies	*50 Tonnen*	*1.000*
	Sand	*60 Tonnen*	*1.300*
	Diesel	*5.000 Liter*	*7.000*
	f) Forderungen, davon:		**200.000**
	öffentlich-rechtliche,		180.000
	privatrechtliche		20.000
	g) Bankguthaben		**150.000**
	h) Bargeld		**5.000**
		Summe der Werte der Vermögensgegenstände:	**5.784.300**
II.	Schulden		
	1. Verbindlichkeiten gegenüber Kreditinstituten, davon:		**3.500.000**
	Bank X		1.000.000
	Bank Y		2.500.000
	2. Verbindlichkeiten aus Lieferungen und Leistung, davon:		**50.000**
	Lieferant A		20.000
	Lieferant B		30.000
		Summe der Schulden:	**3.550.000**

4 Vgl. § 29 Abs. 1 KomHVO.

Betrachtet man das Inventar der Gemeinde D so kann festgehalten werden, dass der Gemeinde zum 31.12.2021 Vermögensgegenstände im Wert von 5.784.300 € gehören. Demgegenüber wurde über die Inventur der Stand der Schulden mit 3.550.000 € ermittelt. Wenn man die Summe der Schulden von der Summe der Werte der Vermögensgegenstände abzieht, stellt man fest, dass die Vermögenswerte gegenüber den Werten für die Schulden überwiegen. Das Ergebnis dieser Subtraktion stellt das **Eigenkapital dar**, welches auch als Reinvermögen bezeichnet wird[5].

Summe der Vermögenswerte	5.784.300 €
- Summe der Schulden	3.550.000 €
= Eigenkapital	2.234.300 €

Es wird bereits an dieser Stelle deutlich, dass das Eigenkapital nicht mit Barmitteln gleichzusetzen ist. Es handelt sich - wie dargestellt - um einen rechnerisch ermittelten Wert.

Dem Inventar der Gemeinde D lassen sich weitere Informationen entnehmen: So ergeben sich Informationen über die Zusammensetzung des Vermögens. Den wertmäßig größten Anteil am Gesamtvermögen machen im Beispielinventar die unbebauten und bebauten Grundstücke mit zusammen 4.600.000 € aus. Festzuhalten ist, dass die Grundstücke zum **Anlagevermögen** zählen. Zum Anlagevermögen zählen die Gegenstände, die dazu bestimmt sind, **auf Dauer** der Aufgabenerfüllung einer Gemeinde zu dienen[6]. Daraus folgt für das Beispiel, dass der Wert für die Fahrzeuge mit 620.000 € und der Wert für die Betriebs- und Geschäftsausstattung mit 200.000 dem Anlagevermögen zugehörig sind. Somit setzt sich das Anlagevermögen wie folgt zusammen:

Unbebaute Grundstücke	900.000 €
+ Bebaute Grundstücke	3.700.000 €
+ Fahrzeuge	620.000 €
+ Betriebs- und Geschäftsausstattung	200.000 €
= Summe Anlagevermögen	5.420.000 €

Fraglich ist nun, wie mit den restlichen Positionen umgegangen wird. Zum Vermögen zählen noch die Vorräte, die Forderungen, der Bestand an Bankguthaben sowie der Bestand an Bargeld. In der Buchführung werden diese Werte dem **Umlaufvermögen** zugeordnet. Hierzu zählen die Positionen, die dazu bestimmt sind **nicht dauernd** der Aufgabeerfüllung einer Gemeinde zu dienen. Dies kann gut anhand der Positionen „Bebaute Grundstücke" einerseits und „Vorräte" andererseits nachvollzogen werden.

Die „Vorräte", wie im Beispiel Kies, Sand oder auch Dieselkraftstoff, haben eine kurze Verweildauer in der Gemeinde. Sie können im Straßenbau bzw. für die Betankung der Fahrzeuge kurzfristig verbraucht werden und stehen somit nicht

5 Schuster, Doppelte Buchführung für Städte, Kreise und Gemeinden, 2. Auflage München 2007, S. 15.

6 Vgl. § 34 Absatz Abs.1 S. 2 KomHVO; Die Definition lässt sich ebenfalls in der kaufmännischen doppelten Buchführung verwenden.

auf Dauer für die Aufgabenerfüllung der Gemeinde zur Verfügung. Die „Bebauten Grundstücke" – mit Jugendeinrichtung, Schule sowie Rathaus – stehen dagegen dauerhaft für die Aufgabenerfüllung der Gemeinde zur Verfügung.

Das Umlaufvermögen aus unserem Beispiel setzt sich somit wie folgt zusammen:

Vorräte	9.300 €
+ Forderungen	200.000 €
+ Bankguthaben	150.000 €
+ Bargeld	5.000 €
= Summe Umlaufvermögen	364.300 €

Die Positionen geben Auskunft über die **Mittelverwendung** des städtischen Kapitals. Es lässt sich beispielsweise die Frage beantworten, inwieweit das Vermögen der Gemeinde aus Anlagevermögen bzw. Umlaufvermögen besteht. Hier im Beispiel – und bei den Kommunen i.d.R. auch in der Realität – macht das Anlagevermögen den größten Teil am Gesamtvermögen aus. Daraus kann abgeleitet werden, dass eine Gemeinde nur langsam auf Veränderungen in der Umwelt reagieren kann, da es schwieriger ist, das Anlagevermögen zu veräußern als das Umlaufvermögen. Allerdings spielt dieser Gesichtspunkt bei den Gemeinden eine untergeordnete Rolle. Darüber hinaus kann die Zusammensetzung des Anlagevermögens bzw. des Umlaufvermögens näher betrachtet werden. Dies spielt eine Rolle bei der Bilanzanalyse, die zur Bewertung der finanziellen Situation vorgenommen werden kann.

Nunmehr haben wir bislang die festgehaltenen Werte in die Kategorien Anlagevermögen, Umlaufvermögen sowie Eigenkapital unterteilt. Als letzte Kategorie wollen wir das **Fremdkapital** benennen. Es handelt sich um das Kapital, das der Kommune durch Dritte zur Verfügung gestellt wird. Bezogen auf unser Beispiel setzt sich das Fremdkapital aus den Werten für die „Verbindlichkeiten gegenüber Kreditinstituten" sowie für die „Verbindlichkeiten aus Lieferung und Leistung" zusammen.

Verbindlichkeiten gegenüber Kreditinstituten	3.500.000 €
+ Verbindlichkeiten aus Lieferung und Leistung	50.000 €
= Summe Fremdkapital	3.550.000 €

1.2 Die Bilanz

Die im Inventar festgehaltenen Ergebnisse münden in einer Bilanz. Hier werden alle Vermögens- und Schuldenwerte in Kontenform gegenübergestellt. Die Bilanz besteht dabei aus zwei Seiten: Die Vermögenswerte werden auf der sog. **Aktiv**-Seite eingetragen. Die restlichen festgestellten Werte finden sich auf der sog. **Passiv**-Seite wieder.

Es ergibt sich für die Beispielgemeinde D damit folgende Bilanz[7]:

Aktiva	**Bilanz zum 31.12.2021 in €**		**Passiva**
Anlagevermögen		**Eigenkapital**	2.234.300
Unbebaute Grundstücke	900.000		
Bebaute Grundstücke	3.700.000	**Fremdkapital**	
Fahrzeuge	620.000	Verbindlichkeiten gegenüber	
Betriebs- und Geschäfts-		Kreditinstituten	3.500.000
ausstattung	200.000	Verbindlichkeiten aus Liefe-	
		rungen und Leistung	50.000
Umlaufvermögen			
Vorräte	9.300		
Forderungen	200.000		
Bankbestand	150.000		
Barbestand	5.000		
Summe	**5.784.300**	**Summe**	**5.784.300**

Auf beiden Seiten der Bilanz werden die Beträge jeweils summiert. Die Summe der Aktiv-Seite muss mit der Summe der Passiv-Seite übereinstimmen – man spricht in diesem Zusammenhang von einer **Bilanzgleichung**.

Die Kommunen haben die Bilanz stets zum Stichtag 31.12. eines Jahres zu erstellen[8]. Somit gibt die Bilanz die Bestände der Aktiv- bzw. Passivseite nur für diesen Tag wieder und hat daher auch nur für diesen Tag ihre Gültigkeit. Durch den Austausch mit der Umwelt – Bürgern der Gemeinde, Unternehmen oder anderen Trägern der öffentlichen Hand – ergeben sich Bestandsveränderungen – mitunter schon am 01.01. des Folgejahres. Um dies zu verdeutlichen wird im Folgenden das Beispiel der Gemeinde D anhand von vier Geschäftsvorfällen weitergeführt.

Geschäftsvorfall 1:
Die Gemeinde D entschließt sich, am 05.01. des Folgejahres ein neues Fahrzeug im Wert von 30.000 € zu kaufen. Die Gemeinde überweist den Betrag am gleichen Tag vom Bankkonto.

Dies hat Auswirkungen auf den Bestand, wie er für den 31.12. des Vorjahres festgestellt worden war. Es kann zum einen festgehalten werden, dass der Fahrzeugbestand um ein Fahrzeug im Wert von 30.000 € zugenommen hat. Zum anderen hat die Überweisung des Betrages die Abnahme des Bankbestandes zur Folge:

	31.12.2021	05.01.2022	Zu-/Abnahme
Fahrzeugbestand	620.000 €	650.000 €	+ 30.000 €
Bankbestand	150.000 €	120.000 €	- 30.000 €

7 Die Mindestgliederung der kommunalen Bilanz richtet sich nach § 42 Abs. 3 und 4 KomHVO und ist wesentlich detaillierter als das hier lediglich zum ersten allgemeinen Verständnis dargelegte Beispiel.

8 § 95 Abs. 1 S 1 GO i.V.m. § 78 Abs. 4 GO.

Unter der Annahme, es würde zum 05.01.2022 eine Bilanz erstellt, ergäbe sich dieses Bild:

Aktiva	Bestände	zum 05.01.2022	Passiva
Anlagevermögen		**Eigenkapital**	2.234.300
Unbebaute Grundstücke	900.000		
Bebaute Grundstücke	3.700.000	**Fremdkapital**	
Fahrzeuge	650.000	Verbindlichkeiten gegenüber	
Betriebs- und Geschäfts-		Kreditinstituten	3.500.000
ausstattung	200.000	Verbindlichkeiten aus Liefe-	
		rungen und Leistung	50.000
Umlaufvermögen			
Vorräte	9.300		
Forderungen	200.000		
Bankbestand	120.000		
Barbestand	5.000		
Summe	**5.784.300**	**Summe**	**5.784.300**

Die Bestandsveränderungen erfolgten ausschließlich auf der Aktiv-Seite der Bilanz. Die Bilanzsumme hat sich durch diesen Vorfall nicht verändert. Es fand lediglich ein Tausch zwischen zwei Positionen der Aktivseite – hier zwischen den Positionen „Fahrzeuge" und „Bankbestand" statt. Dies wird als **Aktiv-Tausch** bezeichnet.

Geschäftsvorfall 2:
Am 10.01.2022 entschließt sich die Gemeinde zu einer Umschuldung. Sie möchte die Verbindlichkeit gegenüber einem Lieferanten in Höhe von 20.000 € begleichen und nimmt dafür den Kreditrahmen der Bank X in Anspruch. Die Begleichung der Verbindlichkeit gegenüber dem Lieferanten übernimmt die Bank X, ohne dass der Betrag dem Girokonto der Gemeinde gutgeschrieben wird.

Hieraus ergeben sich folgende Bestandsveränderungen:

	31.12.2021	10.01.2022	Zu-/Abnahme
Verbindlichkeiten gegenüber Kreditinstituten	3.500.000 €	3.520.000 €	+ 20.000 €
Verbindlichkeiten aus Lieferungen und Leistung	50.000 €	30.000 €	- 20.000 €

Die Verbindlichkeiten gegenüber Kreditinstituten nehmen zu, denn die Gemeinde schuldet nun der Bank X 20.000 € mehr als per 31.12.2021 festgestellt wurde. Dagegen haben sich die Verbindlichkeiten aus Lieferungen und Leistung um 20.000 € vermindert.

Die Bestände per 10.01.2022 sähen damit folgendermaßen aus:

Aktiva	Bestände zum 10.01.2022		Passiva
Anlagevermögen		**Eigenkapital**	2.234.300
Unbebaute Grundstücke	900.000		
Bebaute Grundstücke	3.700.000	**Fremdkapital**	
Fahrzeuge	650.000	Verbindlichkeiten gegenüber	
Betriebs- und Geschäftsausstattung	200.000	Kreditinstituten	3.520.000
		Verbindlichkeiten aus Lieferungen	
Umlaufvermögen		und Leistung	30.000
Vorräte			
Forderungen	9.300		
Bankbestand	200.000		
Barbestand	120.000		
	5.000		
Summe	**5.784.300**	**Summe**	**5.784.300**

Der Geschäftsvorfall hat wiederum keine Auswirkungen auf die Bilanzsumme gehabt. Da sich die Veränderungen nunmehr ausschließlich auf der Passiv-Seite der Bilanz ergeben haben, wird hier von einem **Passiv-Tausch** gesprochen.

Geschäftsvorfall 3:
Die Gemeinde erwirbt am 01.02.2022 neue Bürostühle im Gesamtwert von 5.000 € auf Ziel und bekommt diese geliefert.

Auf die Bestände hat dieser Geschäftsvorfall folgende Auswirkungen:

	31.12.2021	01.02.2022
Betriebs- und Geschäftsausstattung	200.000 €	205.000 €
Verbindlichkeiten aus Lieferungen und Leistung	30.000 €	35.000 €

Aktiva	Bestände zum 01.02.2022		Passiva
Anlagevermögen		**Eigenkapital**	2.234.300
Unbebaute Grundstücke	900.000		
Bebaute Grundstücke	3.700.000	**Fremdkapital**	
Fahrzeuge	650.000	Verbindlichkeiten gegenüber	
Betriebs- und Geschäfts-		Kreditinstituten	3.520.000
ausstattung	205.000	Verbindlichkeiten aus Liefe-	
		rungen und Leistung	35.000
Umlaufvermögen			
Vorräte	9.300		
Forderungen	200.000		
Bankbestand	120.000		
Barbestand	5.000		
Summe	**5.789.300**	**Summe**	**5.789.300**

Anhand dieses Geschäftsvorfalls lässt sich erkennen, dass sich nunmehr erstmalig auf beiden Seiten der Bilanz Veränderungen in den Beständen ergeben haben. Zudem hat sich die Bilanzsumme um 5.000 € erhöht. Dies wird als **Bilanzverlängerung** oder analog auch **Aktiv-Passiv-Mehrung** bezeichnet.

Geschäftsvorfall 4:
Die Gemeinde entschließt sich, einen Teil Ihrer Bankverbindlichkeiten am 06.02.2022 in Höhe des Bankbestandes zurückzuführen.

Dies wirkt sich folgendermaßen aus:

	31.12.2021	06.02.2022
Bankbestand	120.000 €	0 €
Verbindlichkeiten gegenüber Kreditinstituten	3.500.000 €	3.380.000 €

Eine Bilanz per 06.02.2022 sähe damit wie folgt aus:

Aktiva	**Bestände zum 06.02.2022**		**Passiva**
Anlagevermögen		**Eigenkapital**	2.234.300
Unbebaute Grundstücke	900.000		
Bebaute Grundstücke	3.700.000	**Fremdkapital**	
Fahrzeuge	650.000	Verbindlichkeiten gegenüber Kreditinstituten	3.400.000
Betriebs- und Geschäftsausstattung	205.000	Verbindlichkeiten aus Lieferungen und Leistung	35.000
Umlaufvermögen			
Vorräte	9.300		
Forderungen	200.000		
Bankbestand	0		
Barbestand	5.000		
Summe	**5.669.300**	**Summe**	**5.669.300**

Auch aufgrund Geschäftsvorfall 4 verändern sich Positionen auf beiden Seiten der Bilanz. Ebenfalls ändert sich die Bilanzsumme. Allerdings sinkt die Bilanzsumme um 120.000 €. In diesem Zusammenhang handelt es sich um eine **Bilanzverkürzung**. Der Begriff **Aktiv-Passiv-Minderung** wird hierfür analog angewandt.

Zusammenfassend lassen sich also vier grundsätzliche Möglichkeiten von Bestandsbuchungen nennen:

- Aktivtausch
- Passivtausch
- Bilanzverlängerung (Aktiv-Passiv-Mehrung)
- Bilanzverkürzung (Aktiv-Passiv-Minderung)

1.3 Buchungen in Bestandskonten

Die Geschäftsvorfälle haben die Veränderungen der Bestände beispielhaft verdeutlicht. Es handelt sich um ein exemplarisches Beispiel, das nur sehr wenige Geschäftsvorfälle aufgreift. Tatsächlich entstehen in den Kommunalverwaltungen täglich hunderte Geschäftsvorfälle. In diesem Zusammenhang wird ein Problem deutlich. Bis zu diesem Zeitpunkt wurden im Beispiel die Veränderungen der Bestände lediglich angepasst. Würde in der Realität die Erfassung der Geschäftsvorfälle allein in der oben beschriebenen Weise erfolgen, dann würden sich die Geschäftsvorfälle gegenseitig überlagern. Die Bestände ließen sich bei alleiniger Buchung in der Bilanz nicht nachvollziehen. Allein bei diesen vier Geschäftsvorfällen ist es bereits schwierig wiederzugeben, woraus sich beispielsweise der Bestand der „Verbindlichkeiten gegenüber Kreditinstituten" per 06.02.2022 ergeben hat.

Aus diesem Grund werden die Geschäftsvorfälle des laufenden Jahres nicht unmittelbar in einer Bilanz festgehalten, sondern in **„T-Konten"**, die in Anlehnung an ihr Aussehen so bezeichnet werden. Die linke Seite des T-Kontos wird als **„Soll-Seite"** und die rechte Seite des T-Kontos wird als **„Haben-Seite"** bezeichnet. Beide Begriffe können mit einem „S" für Soll bzw. einem „H" für Haben abgekürzt werden.

Soll	Haben

Die Buchungssystematik auf den T-Konten sei anhand eines neuen Beispiels dargestellt.

Bei der Gemeinde E wurde folgende Bilanz erstellt:

Schlussbilanz Gemeinde E
31.12.2021

Aktiva			Passiva
Unbebaute Grundstücke	1.000.000	Eigenkapital	1.100.000
Fahrzeuge	400.000	Verbindlichkeiten gegenüber Kreditinstituten	500.000
Betriebs- und Geschäftsausstattung	200.000	Verbindlichkeiten aus Lieferungen und Leistung (L&L)	100.000
Bankbestand	100.000		
Summe	1.700.000	Summe	1.700.000

Ausgangspunkt für die Buchung der Bestände im künftigen Haushaltsjahr ist stets die Bilanz des Vorjahres. Hier sind die Bestände enthalten, die die Grundlage für die Buchungen im neuen Geschäfts- bzw. Haushaltsjahr bilden. Um nun Buchungen vornehmen zu können, muss im ersten Schritt für jeden Bilanzposten ein **Bestandskonto eröffnet** werden. In diesem Zusammenhang spricht man von **Eröffnungsbuchungen**. Hierbei wird der Bestand der Vermögens- und Schuldwerte in die Bestandskonten eingetragen. Dabei gilt folgendes:

- **Die Anfangsbestände (AB) der aktiven Bestandskonten werden auf der Soll-Seite des T-Kontos eingetragen.**
- **Die Anfangsbestände (AB) der passiven Bestandskonten werden auf der Haben-Seite des T-Kontos eingetragen.**

Auf das Beispiel bezogen bedeutet dies die Eröffnung von sieben Bestandskonten. Sie tragen die Bezeichnung des jeweiligen Bilanzpostens:

S	Eigenkapital		H
		AB	1.100.000

S	Unbebaute Grundstücke		H
AB	1.000.000		

S	Verbindlichkeiten Kreditinstitute		H
		AB	500.000

S	Fahrzeuge		H
AB	400.000		

S	Verbindlichkeiten L&L		H
		AB	100.000

S	Betriebs- und Geschäftsausstattung		H
AB	200.000		

S	Bankbestand		H
AB	100.000		

Die Eintragung der Anfangsbestände sind Buchungen. Eine Buchung betrifft immer **mindestens zwei Konten**. Für die Buchung des Anfangsbestandes wird somit ein zweites Konto – ein Gegenkonto für die Gegenbuchung – benötigt. Das Gegenkonto für die Eröffnungsbuchungen ist das sog. **Eröffnungsbilanzkonto (EBK)**. Dabei handelt es sich um ein rein buchungstechnisches Gegenkonto, um dem System der doppelten Buchführung gerecht zu werden.[9] Es enthält spiegelbildlich die Eröffnungsbestände der Bestandskonten:

[9] Auf die formale Einbuchung der Anfangsbestände gegen das Eröffnungsbilanzkonto kann auch verzichtet werden. Wichtig ist, dass die Anfangsbestände vollständig und korrekt auf den Bestandskonten erfasst werden.

S	EBK		H
Eigenkapital	1.100.000	Unbebaute Grundstücke	1.000.000
Verbindlichkeiten gegenüber Kreditinstituten	500.000	Fahrzeuge	400.000
Verbindlichkeiten aus Lieferungen und Leistung (L&L)	100.000	Betriebs- und Geschäftsausstattung	200.000
		Bankbestand	100.000
Summe	1.700.000	Summe	1.700.000

Für die Buchungen auf den T-Konten wird in der doppelten Buchführung ein sog. **Buchungssatz** formuliert. Er ist als kurze und prägnante Buchungsanweisung zu verstehen. Dieser Buchungssatz wird immer nach folgendem Muster formuliert:

„Soll an Haben"

Dies bedeutet, dass das Konto, welches im „Soll" gebucht wird, im Buchungssatz an erster Stelle genannt wird. Das Konto, welches im „Haben" gebucht wird, wird dagegen im Buchungssatz an zweiter Stelle nach dem Wort „an" genannt. Ferner wird im Buchungssatz immer der zu buchende Betrag genannt. Wichtig in diesem Zusammenhang ist, dass der Buchungssatz betragsmäßig auf der Soll- und der Haben-Seite ausgeglichen sein muss.

Die Eröffnungsbuchungssätze **je Bestandskonto** lauten:

- für die Aktiv-Konten: „Aktiv-Konto an EBK"
- für die Passivkonten: „EBK an Passiv-Konto"

also z.B. für das Konto „Unbebaute Grundstücke:

„Unbebaute Grundstücke 1.000.000 € an EBK 1.000.000 €"

Bei solchen einfachen Buchungssätzen reicht auch eine einmalige Nennung des Betrags am Ende des Buchungssatzes aus.

Bei komplexeren Sachverhalten ergibt sich manchmal die Notwendigkeit, mehr als zwei Konten bei einer Buchung anzusprechen. Auch diese „zusammengesetzten Buchungen" können mit Buchungssätzen nach dem o.a. Muster ausgedrückt werden. Zu beachten ist dabei lediglich, dass das Wörtchen „an" den Wechsel von der Soll- zur Habenseite markiert. Selbstverständlich muss auch bei den zusammengesetzten Buchungen gewährleistet sein, dass die Soll- und Habenbuchungen betragsmäßig übereinstimmen. Hier müssen die Beträge dann jeweils nach dem betroffenen Konto genannt werden.

Ein Beispiel für einen zusammengesetzten Buchungssatz ist der Kauf eines Fahrzeugs für 20.000 € auf Rechnung, wobei eine Baranzahlung in Höhe von 1.000 € geleistet wird:

„Fahrzeuge 20.000 €	**an**	**Kasse**	**1.000 €**
		Verbindlichkeiten	**19.000 €“**

Bevor weitere Grundlagen anhand von beispielhaften Geschäftsvorfällen dargelegt werden, sind folgende **Buchungsregeln zu beachten**:

- **Mehrungen bei aktiven Bestandskonten werden auf der Soll-Seite gebucht, Minderungen entsprechend auf der Haben-Seite und**
- **Mehrungen bei passiven Bestandskonten werden auf der Haben-Seite gebucht, Minderungen entsprechend auf der Soll-Seite**

Die Buchungen auf den Bestandskonten hängen also davon ab, welche Art von Bestandskonto im Einzelfall –ob Aktiv- oder Passivkonto - vorliegen. Im Folgenden wird anhand zweier Geschäftsvorfälle die Buchungssystematik erläutert:

Geschäftsvorfall 1:
Am 10.01. kauft die Gemeinde E einen Minibagger für den Friedhof für 50.000 € auf Ziel und bekommt diesen geliefert.

Bezogen auf den Kauf des Baggers müssen nun die Buchungen in zwei Bestandskonten erfolgen. Zum einen mehrt sich der Bestand an Fahrzeugen per 10.01. Unter Anwendung der obigen Buchungsregel hat die Buchung des Betrages auf der Soll-Seite des Kontos „Fahrzeuge“ zu erfolgen, da es sich um ein Aktiv-Konto handelt. Für eine bessere Übersichtlichkeit wird im Konto Fahrzeuge noch das Buchungsdatum eingetragen[10].

Soll	Fahrzeuge	Haben
AB	400.000	
10.01.	50.000	

Zum anderen mehrt sich per 10.01. durch diesen Vorgang ebenfalls der Bestand der „Verbindlichkeiten aus Lieferungen und Leistung“ der Gemeinde, denn die Lieferung des Baggers erfolgte auf Ziel. Die Zahlung des Betrags in Höhe von 50.000 € wird also per 10.01. noch nicht vorgenommen. Bei diesem Konto erfolgt unter Anwendung der Buchungsregeln für passive Bestandskonten eine Buchung auf der Haben-Seite des Kontos:

[10] Alternativ können bei den Buchungen auch die Nummerierungen der Geschäftsvorfälle eingetragen werden. Bei Geschäftsvorfall 1 würde dann anstatt des Datums die Ziffer „1“ eingetragen. Siehe dazu auch die Übungsaufgaben am Ende des Kapitels.

Soll	Verb. Lieferungen u. Leistungen	Haben
	AB	100.000
	10.01.	50.000

Der Buchungssatz für den Kauf des Baggers lautet somit:

„Fahrzeuge 50.000 € an Verbindlichkeiten LL 50.000 €"

Geschäftsvorfall 2:
Am 12.01. wird die Überweisung der Verbindlichkeit in Höhe der 50.000 € über das Bankkonto vorgenommen.

Zunächst werden erneut die Buchungen in den T-Konten eingetragen:

Soll	Verb. Lieferungen u. Leistungen	Haben
12.01. 50.000	AB 100.000	
	10.01. 50.000	

Soll	Bankguthaben	Haben
AB 100.000	12.01. 50.000	

Die Eintragungen in den T-Konten können wieder nach der Art der Konten dargelegt werden. Das Konto „Verbindlichkeiten aus Lieferungen und Leistungen" ist ein Passivkonto. Minderungen bei Passivkonten werden im Soll gebucht. Durch den Geschäftsvorfall 2 vermindern sich die Verbindlichkeiten. Insofern erfolgt die Buchung im Soll.

Da das Konto „Bankguthaben" zu den Aktivkonten zählt, muss die Verringerung des Bestandes auf der Haben-Seite gebucht werden.

Unter Anwendung des Grundsatzes „Soll an Haben" lautet der Buchungssatz:

„Verbindlichkeiten LL 50.000 € an Bankguthaben 50.000 €"

Nach diesem Muster erfolgen alle Buchungen auf den Bestandskonten im Laufe des Haushaltsjahres. Zum Ende des Haushaltsjahres wird wiederum eine Bilanz erstellt. Dabei werden nun die neuen Bestände, die sog. **Endbestände** per 31.12. des Haushaltsjahres, auf das Schlussbilanzkonto umgebucht. Man spricht in diesem Zusammenhang auch vom **Kontenabschluss,** da die Konten nach der

Umbuchung der Bestände in das Schlussbilanzkonto nicht mehr bebucht werden können. Sie sind dann „abgeschlossen".

Die Ermittlung der Endbestände erfolgt nach der Gleichung:

Anfangsbestand + Zugänge – Abgänge = Endbestand

Der Endbestand wird somit als Saldo errechnet. Dabei finden sich der Endbestand der Aktiv-Konten auf der Haben-Seite und der Endbestand der Passiv-Konten auf der Soll-Seite:

S	Aktivkonto H
Anfangsbestand	**- Abgänge**
+ Zugänge	**= Endbestand**
Summe	**Summe**

S	Passivkonto H
- Abgänge	**Anfangsbestand**
= Endbestand	**+ Zugänge**
Summe	**Summe**

Unter der Annahme, es hätten keinerlei weitere Geschäftsvorfälle gebucht werden müssen, ergibt sich in den Konten des Beispielfalles der Gemeinde E folgende Situation per 31.12.2022:

S Unbebaute Grundstücke H

AB	1.000.000	SB	1.000.000
	1.000.000		1.000.000

S Fahrzeuge H

AB	400.000	SB	450.000
10.01.	50.000		
	450.000		450.000

S Betriebs- und Geschäftsausstattung H

AB	200.000	SB	200.000
	200.000		200.000

S Bankbestand H

AB	100.000	12.01.	50.000
		SB	50.000
	100.000		100.000

S Eigenkapital H

SB	1.100.000	AB	1.100.000
	1.100.000		1.100.000

S Verbindlichkeiten Kreditinstitute H

SB	500.000	AB	500.000
	500.000		500.000

S Verbindlichkeiten L&L H

12.01.	50.000	AB	100.000
SB	100.000	10.01.	50.000
	150.000		150.000

Schlussbilanzkonto

Soll			Haben
Unbebaute Grundstücke	1.000.000	Eigenkapital	1.100.000
Fahrzeuge	450.000	Verbindlichkeiten gegenüber	
Betriebs- und Geschäfts-		Kreditinstituten	500.000
ausstattung	200.000	Verbindlichkeiten L&L	100.000
Bankbestand	50.000		
Summe	1.700.000	Summe	1.700.000

Auch hierfür müssen wiederum Buchungssätze – für jedes abzuschließende Bestandskonto – formuliert werden. Bei dem Gegenkonto handelt es sich nunmehr um das Schlussbilanzkonto. Da die Endbestände bei den Aktiv-Konten auf der Haben-Seite gebucht werden, lautet hier der grundsätzliche Buchungssatz

„Schlussbilanzkonto an Aktiv-Konto".

Bei den Passivkonten werden die Endbestände auf der Soll-Seite gebucht. Also lautet der grundsätzliche Buchungssatz hier

„Passiv-Konto an Schlussbilanzkonto".

Die einzelnen Positionen des Schlussbilanzkontos sind in der Praxis nun zunächst mit den Inventurergebnissen abzugleichen. Vereinfachend gehen wir davon aus, dass es keine Differenzen vorliegen. Zur Erstellung des Jahresabschlusses müssen dann lediglich die Daten aus dem Schlussbilanzkonto in die Schlussbilanz übernommen werden. Da es sich bei der Bilanz formal nicht um ein Konto handelt, kann hier keine Buchung erfolgen. Die Daten werden lediglich in das „Formblatt Bilanz" übertragen und ggf. zusammengefasst.

1.4 Ergebniswirksame Buchungen

Bislang wurden lediglich Bestandsveränderungen gebucht. Von großem Interesse für die Steuerung einer Gemeinde sind die entstehenden Aufwendungen und Erträge um letztlich die Auswirkung auf das Eigenkapital zu ermitteln. Die Buchung von Ressourcenverbrauch und –aufkommen wird in Erfolgskonten vorgenommen. Erfolgskonten sind Aufwandskonten für die Buchung von Ressourcenverbrauch sowie Ertragskonten für die Buchung von Ressourcenaufkommen. Die Erfolgskonten werden bei Bedarf eingerichtet. Sie weisen keine Anfangsbestände auf, denn hierüber werden keine Bestände gebucht. **Aufwendungen werden in den Aufwandskonten „im Soll" gebucht, die Erträge werden in den Ertragskonten dagegen auf der Haben-Seite gebucht.**

Nach Saldierung aller Aufwendungen mit allen Erträgen kann eine Aussage über den Erfolg der Gemeinde in einem Haushaltsjahr getroffen werden. In der Privatwirtschaft wird von einem Gewinn gesprochen, wenn die Summe aller Erträge die Summe aller Aufwendungen übersteigt. Dem Gewinn entspricht in einer Kommune der **Jahresüberschuss**. Sofern die Summe aller Aufwendungen die Summe aller

Erträge übersteigt, liegt in der Privatwirtschaft ein Verlust vor. Bei einer Kommune handelt es sich dann um einen **Jahresfehlbetrag**.

Summe Erträge – Summe Aufwendungen = Jahresergebnis

Die Buchungssystematik in den Erfolgskonten soll wieder anhand von beispielhaften Geschäftsvorfällen dargelegt werden. Hierzu liegt die sehr vereinfachte Bilanz der Gemeinde F vor:

Schlussbilanz Gemeinde F
per 31.12.2021

Aktiva		Passiva	
Bebaute Grundstücke	1.000.000	Eigenkapital	700.000
Bankbestand	200.000	Verbindlichkeiten gegenüber Kreditinstituten	500.000
Summe	1.200.000	Summe	1.200.000

Auf dieser Basis werden im ersten Schritt die Bestandskonten eröffnet.

Folgende Geschäftsvorfälle entstehen:

Geschäftsvorfall 1:
Für angemietete Büroräume wird die Miete in Höhe von 1.000 € überwiesen.
Geschäftsvorfall 2:
Die Bank schreibt Zinserträge i.H.v. 2.000 € auf dem Girokonto gut.

Zu Geschäftsvorfall 1:

Für die zu überweisende Miete wird nunmehr ein Aufwandskonto benötigt. Das Konto trägt die Bezeichnung „Mietaufwand". Damit wird deutlich, dass es sich um ein Aufwandskonto handelt und ferner, welche Aufwandsart auf diesem Konto gebucht wird. Dies ist wichtig, um angesichts der Vielzahl von Aufwandsarten – und auch Ertragsarten – die Übersicht zu behalten. Die Buchung auf dem Konto Mietaufwand erfolgt mit 1.000 € auf der Soll-Seite.

Es ist bereits bekannt, dass Überweisungen vom Konto „Bankguthaben" erfolgen. Entsprechend dem Grundprinzip, dass Buchungssätze immer nach dem Schema „Soll an Haben" formuliert werden und bereits feststeht, dass das Konto Mietaufwand im Soll gebucht wird, kann das Konto „Bankguthaben" nur im Haben gebucht werden.

Es kann aber auch die Gegenprobe mithilfe der Grundregeln für die Buchungen in den Bestandskonten vorgenommen werden, wonach bei Aktiv-Konten Mehrungen im Soll sowie Minderungen im Haben zu buchen sind. Das Konto „Bankbestand" zählt zu den Aktiv-Konten. Durch den Geschäftsvorfall 1 werden Gelder an den Vermieter überwiesen. Der Bestand nimmt also ab. Insofern muss diese Buchung im Konto „Bankbestand" auf der Haben-Seite erfolgen. Daraus folgt dann wiederum, dass das Gegenkonto „Mietaufwand" als Minderung des Passivkontos Eigenkapital im Soll gebucht werden muss.

S	Mietaufwand		H
1)	1.000		

S	Bankbestand		H
AB	200.000	1)	1.000

Der Buchungssatz lautet:

„Mietaufwand 1.000 € an Bankbestand 1.000 €“

Zu Geschäftsvorfall 2:

Die Zinserträge werden auf dem Konto „Bankbestand“ gutgeschrieben. Die Gegenbuchung erfolgt auf einem neuen Konto „Zinserträge“. Wie dargestellt, werden Ertragsbuchungen auf der Haben-Seite der Ertragskonten vorgenommen. Insofern bleibt aus dem Buchungsgrundsatz „Soll an Haben“ nur die Möglichkeit das Aktiv-Konto „Bankbestand“ im Soll zu buchen.

Auch hier wird nochmals die Gegenprobe mithilfe der Grundregeln für die Buchungen in den Bestandskonten gemacht. Mehrungen bei Aktiv-Konten werden im Soll gebucht. Hier mehrt sich der Bankbestand um 1.000 € und somit muss die Buchung auf der Soll-Seite erfolgen. Daraus folgt dann wiederum, dass das Gegenkonto „Zinserträge“ im Haben gebucht werden muss.

S	Zinserträge		H
		2)	2.000

S	Bankbestand		H
AB	200.000	1)	1.000
2)	2.000		

Der Buchungssatz lautet:

„Bankbestand 2.000 € an Zinserträge 2.000 €“

Abschluss der Ergebnisrechnungskonten

Am Ende des Jahres geht es darum den Erfolg der Gemeinde zu ermitteln. Fraglich ist also, ob sich ein Jahresüberschuss oder ein Jahresfehlbetrag ergibt. Dazu werden die Erfolgskonten abgeschlossen. Dieser Kontenabschluss erfolgt jedoch nicht direkt über das Schlussbilanzkonto, sondern zunächst über das **Ergebnisrechnungskonto**. Mithilfe dieses Kontos wird die Summe aller Aufwandsarten mit der Summe aller Ertragsarten saldiert. Auf welcher Seite des Kontos der Saldo – also das Jahresergebnis – entsteht, hängt dabei davon ab, ob ein Jahresüberschuss oder ein Jahresfehlbetrag erwirtschaftet wurde.

Zur Verdeutlichung wird der Jahresabschluss für das Beispiel vorgenommen. Zunächst werden die Erfolgskonten in die Ergebnisrechnung abgeschlossen. Dazu werden die Salden aus den Buchungen der Soll- und der Haben-Seite der jeweiligen Erfolgskonten ermittelt.

Beim Konto „Zinserträge“ wurde im Haben ein Betrag i.H.v. 2.000 € gebucht. Der Saldo aus den Buchungen der Soll- und der Haben-Seite dieses Kontos ergibt 2.000 €, da auf der Soll-Seite nichts gebucht wurde. Er wird somit auf der Soll-Seite gebucht.

Beim Konto „Mietaufwand“ ergibt sich dagegen ein Saldo i.H.v. 1.000 €, da hier auf der Haben-Seite keine Buchungen erfolgten. Der Saldo wird daher auf der „Haben-Seite des Kontos „Mietaufwand“ gebucht.

Dem Saldo wird im Erfolgskonto die Abkürzung „ERK“ für „Ergebnisrechnungs-konto“ vorweggestellt. Auf diese Weise wird sofort sichtbar, welches Gegenkonto gebucht wurde.

S	Zinserträge		H
ERK	**2.000**	2)	2.000
	2.000		2.000

S	Mietaufwand		H
1)	1.000	**ERK**	**1.000**
	1.000		1.000

Die beiden Buchungssätze für den Abschluss der Ergebnisrechnungskonten lauten:

„Zinserträge 2.000 € an Ergebnisrechnungskonto 2.000 €“
„Ergebnisr.kto 1.000 € an Mietaufwand 1.000 €“

Wie oben dargestellt wird nunmehr der Saldo aus der Summe der Aufwendungen und der Summe der Erträge ermittelt. Für den Beispielfall ergibt sich auf der Soll-Seite des Ergebnisrechnungskontos ein Saldo in Höhe von 1.000 €. Es handelt sich um einen Jahresüberschuss, denn es sind Aufwendungen in Höhe von 1.000 € entstanden, denen 2.000 € Erträge gegenüberstehen. Die Ausbuchung des Jahresüberschusses erfolgt über das Konto „Eigenkapital“.

Ergebnisrechnungskonto per 31.12.2022

Soll			Haben
Mietaufwand	1.000	Zinserträge	2.000
Jahresüberschuss	**1.000**		
Summe	2.000	Summe	2.000

Der Buchungssatz für den Abschluss des Ergebnisrechnungskontos lautet somit:

„Ergebnisr.kto 1.000 € an Eigenkapital 1.000 €“

Da es sich bei dem Konto Eigenkapital um ein Passiv-Konto handelt und die Buchung im Haben erfolgt, stärkt ein Jahresüberschuss das Eigenkapital. Ein Jahresfehlbetrag würde somit zu einer Verringerung des Eigenkapitals führen.

Nach dem Abschluss des Ergebnisrechnungskontos wird das Schlussbilanzkonto nach der bereits bekannten Vorgehensweise erstellt. Die Werte aus der Buchhaltung müssen allerdings zunächst mit den Inventurergebnissen abgeglichen werden, bevor aus dem Schlussbilanzkonto eine Schlussbilanz erstellt werden darf.

S	Bebaute Grundstücke		H
AB	1.000.000	**SB**	**1.000.000**
	1.000.000		1.000.000

S	Eigenkapital		H
SB	**701.000**	AB	700.000
		ER	1.000
	701.000		701.000

S	Bankbestand		H
AB	200.000	1)	1.000
2)	2.000	**SB**	**201.000**
	202.000		202.000

S	Verbindlichkeiten Kreditinstitute		H
SB	**500.000**	AB	500.000
	500.000		500.000

Schlussbilanzkonto Gemeinde F
per 31.12.2022

Aktiva			Passiva
Bebaute Grundstücke	1.000.000	Eigenkapital	701.000
Bankbestand	201.000	Verbindlichkeiten gegenüber Kreditinstituten	500.000
Summe	1.201.000	Summe	1.201.000

1.5 Kontenrahmen und Kontenplan

Gemäß § 28 Absatz 7 KomHVO NRW ist für die Buchführung der vom zuständigen Ministerium bekannt gegebene Kontenrahmen zu Grunde zu legen.

Aktiva		Passiva		Ergebnisrechnungs-konten		Finanzrechnungskonten		Abschluss	KLR
Kontenklasse 0	**Kontenklasse 1**	**Kontenklasse 2**	**Kontenklasse 3**	**Kontenklasse 4**	**Kontenklasse 5**	**Kontenklasse 6**	**Kontenklasse 7**	**Konten-klasse 8**	**Konten-klasse 9**
Immaterielle Vermögens-gegenstände und Sach-anlagen	Finanzanlagen, Umlaufvermö-gen und aktive Rechnungs-abgrenzung	Eigenkapital, Sonderposten und Rückstellungen	Verbindlichkei-ten und passi-ve Rechnungs-abgrenzung	Erträge	Aufwendungen	Einzahlungen	Auszahlungen	Abschluss-konten	Kosten- und Leistungs-rechnung
00	10 Anteile an verbundenen Unternehmen	20 Eigenkapital	30 Anleihen	40 Steuern und ähnliche Abgaben	50 Personalauf-wendungen	60 Steuern und ähnliche Abgaben	70 Personal-auszahlungen	80 Eröffnungs-/Abschluss-konten	90 Kosten und Leistungsrech-nung (KLR)
01 Immaterielle Vermögens-gegenstände	11 Beteiligungen	21 Wertberich-tigungen (kein Bilanzausweis)	31	41 Zuwendungen und allgemeine Umlagen	51 Versorgungs-aufwendungen	61 Zuwendun-gen und allgemeine Umlagen	71 Versorgungs-auszahlungen	81 Korrektur-konten	Die Ausgestaltung der KLR ist von jeder Kommune selbst festzulegen
02 Unbebaute Grundstücke und grund-stücksgleiche Rechte	12 Sonder-vermögen	22	32 Verbindlich-keiten aus Krediten für Investitionen	42 Sonstige Transfererträge	52 Aufwendun-gen für Sach- und Dienst-leistungen	62 Sonstige Transferein-zahlungen	72 Auszahlun-gen für Sach- und Dienst-leistungen	82 Kurzfristige Erfolgsrech-nung	
03 Bebaute Grundstücke und grund-stücksgleiche Rechte	13 Ausleihungen	23 Sonderposten	33 Verbindlich-keiten aus Krediten zur Liquiditäts-sicherung	43 Öffentlich-rechtliche Leistungsentgelte	53 Transferauf-wendungen	63 Öffentlich-rechtliche Leistungs-entgelte	73 Transferaus-zahlungen		
04 Infrastruk-turvermögen	14 Wertpapiere	24	34 Verbindlich-keiten aus Vorgängen, die Kreditauf-nahmen wirtschaftlich gleichkommen	44 Privatrechtliche Leistungsentgelte, Kostenerstattun-gen und Kosten-umlagen	54 Sonstige ordentliche Aufwendungen	64 Privat-rechtliche Leistungs-entgelte, Kostenerstat-tungen und Kostenumlagen	74 Sonstige Auszahlungen		

Aktiva		Passiva		Ergebnisrechnungs-konten		Finanzrechnungskonten		Abschluss	KLR
Kontenklasse 0	**Kontenklasse 1**	**Kontenklasse 2**	**Kontenklasse 3**	**Kontenklasse 4**	**Kontenklasse 5**	**Kontenklasse 6**	**Kontenklasse 7**	**Konten-klasse 8**	**Konten-klasse 9**
Immaterielle Vermögens-gegenstände und Sach-anlagen	Finanzanlagen, Umlaufvermö-gen und aktive Rechnungs-abgrenzung	Eigenkapital, Sonderposten und Rückstellungen	Verbindlichkei-ten und passi-ve Rechnungs-abgrenzung	Erträge	Aufwendungen	Einzahlungen	Auszahlungen	Abschluss-konten	Kosten- und Leistungs-rechnung
05 Bauten auf fremden Grund und Boden	15 Vorräte	25 Pensions-rückstellungen	35 Verbindlich-keiten aus Lieferungen und Leistungen	45 Sonstige ordentliche Erträge	55 Zinsen und sonstige Finanz-aufwendungen	65 Sonstige Einzahlungen aus laufender Verwaltungs-tätigkeit	75 Zinsen und sonstige Finanz-auszahlungen		
06 Kunstge-genstände, Kulturdenkmäler	16 Öffentlich-rechtliche Forderungen und Forderun-gen aus Trans-ferleistungen	26 Rückstellun-gen für Deponien und Altlasten	36 Verbindlich-keiten aus Transfer-leistungen	46 Finanzerträge	56	66 Zinsen und sonstige Finanz-einzahlungen	76		
07 Maschinen und technische Anlagen, Fahrzeuge	17 Privatrecht-liche Forderun-gen, sonstige Vermögens-gegenstände	27 Instand-haltungs-rückstellungen	37 Sonstige Verbindlich-keiten	47 Aktivierte Eigenleistungen, Bestands-veränderungen	57 Bilanzielle Abschreibungen	67	77		
08 Betriebs- und Geschäftsaus-stattung	18 Liquide Mittel	28 Sonstige Rückstellungen	38	48 Erträge aus internen Leistungs-beziehungen	58 Aufwendun-gen aus internen Leistungs-beziehungen	68 Einzahlungen aus Investitions-tätigkeit	78 Auszahlun-gen aus Inves-titionstätigkeit		
09 Geleistete Anzahlungen, Anlagen im Bau	19 Aktive Rechnungs-abgrenzung	29	39 Passive Rechnungs-abgrenzung	49 Außerordent-liche Erträge	59 Außerordentlich e Aufwendungen	69 Einzahlungen aus Finanzie-rungstätigkeit	79 Auszahlun-gen aus Finan-zierungstätigkeit		

Der Gesetzgeber bestimmt, dass sich die Kommunen an diesen Kontenrahmen halten müssen. Es ist jedoch festzuhalten, dass die Betonung auf Konten**rahmen** liegt. Innerhalb dieses Rahmens sind die Gemeinden frei in der weiteren Untergliederung. Der Kontenrahmen weist neun verbindliche Kontenklassen auf. Die Kontenklassen „0" bis „3" beinhalten die Kontenklassen für die Bilanz, die Kontenklassen „4" und „5" nehmen die Ergebnisrechnungskonten und die Kontenklassen „6" und „7" die Finanzrechnungskonten auf. Die Kontenklasse „8" beinhaltet die Abschlusskonten. Die Kontenklasse „9" ist der KLR vorbehalten. Anhand der Ziffern kann nun festgestellt werden, welche Kontenarten in einem Geschäftsvorfall vorliegen bzw. benötigt werden. Sofern z.B. für eine Buchung ein Aktiv-Konto benötigt wird, kommt nur ein Konto der Kontenklassen „0" oder „1" in Betracht. Wird als Gegenkonto ein Ertragskonto benötigt, ist dies in der Kontenklasse „4" zu finden.

Aufgrund der Vielzahl der Geschäftsvorfälle reicht eine Buchführung auf alleiniger Basis des Kontenrahmens nicht aus. Deshalb werden die Kontenklassen nach den jeweiligen Bedürfnissen von den Gemeinden weiter in Kontengruppen, Kontenarten und Konten untergliedert. Die Zugehörigkeit der Konten zu den Kontenklassen lässt sich anhand der Nummerierung erkennen, denn die erste Ziffer des Kontos stellt immer die Kontenklasse dar.

Beispiel:
Das Konto „Bebaute Grundstücke und grundstücksgleiche Rechte" hat im HSPV-Kontenplan[11] die Gliederungsziffer „030". An der ersten Ziffer, hier der „0", lässt sich erkennen, dass es sich um ein Konto der Kontenklasse „0" handelt. Insofern muss es sich um ein Aktiv-Konto handeln.

Mitunter ist es schwierig, die Geschäftsvorfälle im Kontenrahmenplan richtig zuzuordnen, da die entsprechenden Bezeichnungen nicht immer allgemein verständlich sind. Als Erleichterung und für eine einheitliche Buchführung hat das in NRW für Kommunales zuständige Ministerium daher verbindliche „Zuordnungsvorschriften zum kommunalen haushaltsrechtlichen Kontenrahmen" erlassen[12]. Dabei handelt es sich um eine Liste von Sachverhalten, die eine Zuordnung zu den Kontenklassen ermöglicht.

Die Buchungssätze unter Verwendung des HSPV-Kontenplans sollen anhand folgender Beispiele verdeutlicht werden:

---

[11] Zu Übungszwecken wird für das Studium an der HSPV NRW ein einheitlicher Kontenplan genutzt. Er umfasst die Gliederungsebenen Kontenklassen, Kontengruppen sowie Konten. Er ist als Anlage in diesem Buch abgedruckt.

[12] Vgl. Anlage 18 zur VV Muster zur GO und KomHVO vom 08.11.2019 (MBl. NRW. 2019 S. 651)

Buchungsbeispiel 1:
Barkauf eines Bürostuhls für 250 €.
Buchungssatz: 081 BGA 250 € an 182 Kasse (Bargeld) 250 €

Buchungsbeispiel 2:
Tilgung eines Investitionskredits mit 2.000 € per Banküberweisung.
Buchungssatz: 320 Investitionskredite 2.000 € an 181 Guthaben bei Banken 2.000 €

Buchungsbeispiel 3:
Für angemietete Büroräume wird die Miete in Höhe von 1.000 € überwiesen.
Buchungssatz: 542 Mieten, Pachten, Leasing 1.000 € an 181 Guthaben bei Banken 1.000 €

Buchungsbeispiel 4:
Die Bank schreibt Zinserträge i.H.v. 2.000 € auf dem Girokonto gut.
Buchungssatz: 181 Guthaben bei Banken 2.000 € an 461 Zinserträge 2.000 €

1.6 Mitkontierung der Finanzrechnung

Bislang wurden Bestandskonten und Erfolgskonten dargelegt. Diese Kontenarten werden sowohl in der doppelten Buchführung der Privatwirtschaft als auch in der öffentlichen Verwaltung gebucht. In diesem Zusammenhang wird vom **„Zwei-Komponenten-System"** gesprochen. Damit sind die Bilanz als die erste Komponente und die Ergebnisrechnung sowie die damit verbundenen Konten als die zweite Komponente gemeint[13]. Wie dargestellt, werden hier Bestandsveränderungen erfasst und die Erfolgsgrößen „Aufwand" und „Ertrag" festgehalten. Für die Führung eines Betriebes – ob öffentlich-rechtlich oder privatrechtlich – ist die Liquiditätssteuerung, d.h. die Sicherstellung einer ausreichenden Versorgung mit Finanzmitteln („flüssigen Mitteln") von großer Wichtigkeit. In der Privatwirtschaft erfolgt die Liquiditätssteuerung außerhalb des „Zwei-Komponenten-Systems" durch Nebenrechnungen.

Dagegen wird in Nordrhein-Westfalen bei den Kommunen das **„Drei-Komponenten-System"** genutzt. Neben der Buchung auf Bestands- und Erfolgskonten werden die „Einzahlungen" und „Auszahlungen" separat mitkontiert. Die Salden der Einzahlungs- und Auszahlungskonten münden in das Finanzrechnungskonto. Der Saldo aus der Summe aller Einzahlungen und der Summe aller Auszahlungen ergibt den Finanzsaldo. Der Abschluss des Finanzrechnungskontos erfolgt über die Bilanzposition „Liquide Mittel". Das folgende Schaubild verdeutlicht die Zusammenhänge:

[13] Schuster, Doppelte Buchführung für Städte, Kreise und Gemeinden, 2. Auflage München 2007, S. 161.

Das Drei-Komponenten-System

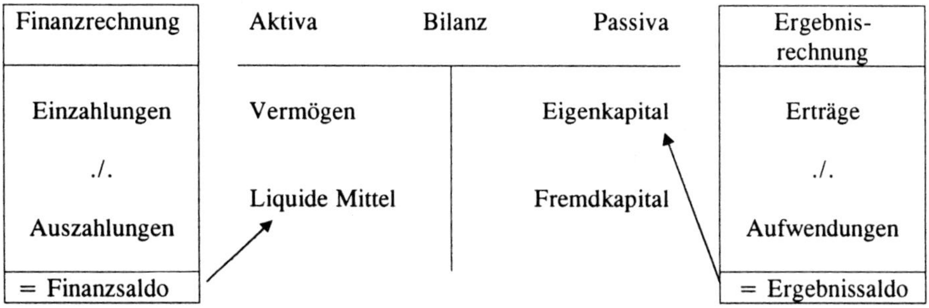

Die Buchungen erfolgen grundsätzlich auf dem gleichen Weg wie im Zwei-Komponentensystem, also auf allen Bestands- und Erfolgskonten. Allerdings werden die Einzahlungs- und Auszahlungsarten für die Finanzrechnung **lediglich statistisch mitgeführt**. Den Buchungen auf den Finanzrechnungskonten stehen keine Buchungen auf anderen Konten gegenüber. Zur Verdeutlichung dient das folgende Beispiel für die Buchung von Personalaufwand und Personalauszahlung:

Geschäftsvorfall 1:
Im Personalaufwand werden die Beamtengehälter für den Monat Juli mit 200.000 € berechnet. Dieser Vorgang wird zunächst in der Finanzsoftware erfasst.
Buchungssatz: 501 Dienstbezüge Beamte 200.0000 € an 375 Verbindlichkeiten ggü. Beschäftigten 200.000 €
Geschäftsvorfall 2:
Nunmehr werden die Beamtengehälter überwiesen. Dies bedeutet, dass sich die „Verbindlichkeiten ggü. Beschäftigten" verringern und das entsprechende Finanzrechnungskonto bebucht wird.
Buchungssatz: 375 Verbindlichkeiten ggü. Beschäftigten 200.000 € an 181 liquide Mittel 200.000 € [Mitführung Finanzrechnung: 701 Dienstbezüge der Beamten 200.000 €]

Das Finanzrechnungskonto kommt also erst zum Tragen, wenn tatsächlich Geld fließt. Auszahlungskonten werden in Klammern angeführt, wenn die liquiden Mittel im Haben gebucht werden. Im Umkehrschluss ergibt sich, dass Einzahlungskonten in Klammern angeführt werden, wenn die liquiden Mittel im Soll angesprochen werden. Auch dies soll noch anhand eines Beispiels visualisiert werden:

Geschäftsvorfall 1:
Ein Notebook wird zum Restbuchwert von 200 € an einen Mitarbeiter gegen Barzahlung verkauft.
Buchungssatz: 182 Kasse 200 € an 081 BGA 200 € [682 Einzahlung Veräußerung Sachanlagen 200 € Mitführung Finanzrechnung]

Als Hilfestellung und Orientierung dienen die nachstehenden schlagwortartigen Merksätze zur kaufmännischen Buchführung[14]:

[14] Die Darstellung erfolgt aus Vereinfachungsgründen ohne die im kommunalen Finanzmanagement erforderliche Finanzrechnung.

Arbeitsschritte und Merksätze

1. Eröffnung der Konten

- Aktivkonto: Bestand aus der Abschlussbilanz des Vorjahres auf der Sollseite vortragen (zusätzlich möglich: Gegenbuchung auf dem Eröffnungsbilanzkonto)
- Passivkonto: Bestand aus der Abschlussbilanz des Vorjahres auf der Haben-Seite vortragen (zusätzlich möglich: Gegenbuchung auf dem Eröffnungsbilanzkonto)
- Aufwands- und Ertragskonten werden bei Bedarf eingerichtet. Hier liegen keine Bestände vor, weil Aufwand und Ertrag jeweils Jahres bezogen ermittelt werden.

2. Buchung auf den Konten im laufenden Jahr

- Aktivkonto:
  Zugänge werden im Soll gebucht.
  Abgänge werden im Haben gebucht.
- Passivkonto:
  Zugänge werden im Haben gebucht.
  Abgänge werden im Soll gebucht.
- Aufwandskonto:
  Aufwendungen werden im Soll gebucht.
  Abgänge auf die Aufwendungen (Berichtigungen) werden im Haben gebucht.
- Ertragskonto:
  Erträge werden im Haben gebucht.
  Abgänge auf die Erträge (Berichtigungen) werden im Soll gebucht.

3. Abschluss der Konten

- Aufwands- und Ertragskonten (Erfolgskonten) werden über das Ergebnisrechnungskonto abgeschlossen.
- Der Saldo des Ergebnisrechnungskontos (Gewinn oder Verlust) wird über das Eigenkapitalkonto abgeschlossen. Der Gewinn erhöht das Eigenkapital (Haben-Buchung auf dem Eigenkapitalkonto), der Verlust verringert das Eigenkapital (Sollbuchung auf dem Eigenkapitalkonto).
- Aktiv- und Passivkonten (Bestandskonten) werden über das Schlussbilanzkonto abgeschlossen.
- Das Schlussbilanzkonto muss sich am Ende in Soll und Haben ausgleichen.

4. Aufstellung von Bilanz und Ergebnisrechnung

- Durch Übertragung (keine Buchung!) der Daten aus dem Schlussbilanzkonto wird die Bilanz erstellt.
- Durch Übertragung (keine Buchung!) der Daten aus dem Ergebnisrechnungskonto wird die Ergebnisrechnung (Gewinn- und Verlustrechnung) erstellt.

1.7 Übungen

Sachverhalt 1 (Bestandsbuchungen)

Die Eröffnungsbilanz einer Eigengesellschaft der Gemeinde G zum 01.01.2022 hat folgenden Inhalt:

Aktiva	**Bilanz zum 01.01.2022**		Passiva
Bebaute Grundstücke	1.000.000	Eigenkapital	1.150.000
Fahrzeuge	200.000	Hypothekenverbindlichkeiten	560.000
BGA	100.000	Dispositionskredite	40.000
Forderungen	7.000	Lieferantenverbindlichkeiten	50.000
Bankguthaben	493.000		
Insgesamt	**1.800.000**	**Insgesamt**	**1.800.000**

Im Jahre 2022 fallen folgende Geschäftsvorfälle an:

1. Kauf eines Fahrzeuges (10.000 €), Überweisung erfolgt aus dem Bankguthaben.
2. Eingang von 4.000 € auf die ausstehenden Forderungen auf dem Bankkonto.
3. Ein neues bebautes Grundstück wird gekauft (200.000 €). Es wird zunächst aus dem Bankguthaben bezahlt. Nach einmonatiger Verhandlung werden 180.000 € über ein langfristiges Hypothekendarlehen finanziert. Die Hypothekenbank überweist den Betrag auf das Bankkonto.
4. Abbuchung von 30.000 € beim Bankkonto, wovon 25.000 € dem Dispositionskredit zugeführt werden und 5.000 € der Tilgung der Hypothekenkredite dienen.
5. Kauf eines Personalcomputers mit Zahlungsziel in 2023 (2.000 €).
6. Bezahlung von Rechnungen aus dem Vorjahr durch Überweisung vom Bankkonto (10.000 €).
7. Die Stadt als Eigentümer übergibt der Eigengesellschaft Fahrzeuge im Wert von 80.000 € zur Eigenkapitalaufstockung.
8. Verkauf eines bebauten Grundstückes für 120.000 €, zahlbar mit je 60.000 € in 2022 und 2023. Der Betrag für 2022 wird sofort dem Bankkonto gutgeschrieben.

Aufgabe:
Verarbeiten Sie die Finanzvorfälle in der kaufmännischen Buchführung und erstellen Sie die Schlussbilanz zum 31.12.2022. Formulieren Sie auch die entsprechenden Buchungssätze für die Finanzvorfälle 1 bis 8 und entscheiden Sie, welche Auswirkungen die Finanzvorfälle auf die Bilanz haben.

Lösung:

S	Bebaute Grundstücke		H
AB	1.000.000	8)	120.000
3)	200.000	SB	1.080.000
	1.200.000		1.200.000

S	Eigenkapital		H
SB	1.230.000	AB	1.150.000
		7)	80.000
	1.230.000		1.230.000

S	Fahrzeuge		H
AB	200.000	SB	290.000
1)	10.000		
7)	80.000		
	290.000		290.000

S	Hypotheken-verbindlichkeiten		H
4)	5.000	AB	560.000
SB	735.000	3)	180.000
	740.000		740.000

S	BGA		H
AB	100.000	SB	102.000
5)	2.000		
	102.000		102.000

S	Dispositionskredite		H
4)	25.000	AB	40.000
SB	15.000		
	40.000		40.000

S	Forderungen		H
AB	7.000	2)	4.000
8)	60.000	SB	63.000
	67.000		67.000

S	Lieferanten-verbindlichkeiten		H
6)	10.000	AB	50.000
SB	42.000	5)	2.000
	52.000		52.000

S	Bankguthaben		H
AB	493.000	1)	10.000
2)	4.000	3)	200.000
3)	180.000	4)	30.000
8)	60.000	6)	10.000
		SB	487.000
	737.000		737.000

Schlussbilanz zum 31.12.2022

Aktiva			Passiva
Bebaute Grundstücke	1.080.000	Eigenkapital	1.230.000
Fahrzeuge	290.000	Hypothekenverbindlichkeiten	735.000
BGA	102.000	Dispositionskredite	15.000
Forderungen	63.000	Lieferantenverbindlichkeiten	42.000
Bankguthaben	487.000		
Insgesamt	**2.022.000**	**Insgesamt**	**2.022.000**

Lfd. Nr.	Buchungssätze	Bilanzauswirkung
1	Fahrzeuge an Bankguthaben 10.000 €	Aktivtausch
2	Bankguthaben an Forderungen 4.000 €	Aktivtausch
3	Bebaute Grundstücke an Bank 200.000 € Bankguthaben an Hypothekenverbindlichkeiten 180.000 €	Aktivtausch Aktiv-Passiv-Mehrung
4	Dispositionskredit 25.000 € und Hypothekenverbindlichkeiten 5.000 € an Bankguthaben 30.000 €	Aktiv-Passiv-Minderung
5	BGA an Lieferantenverbindlichkeiten 2.000 €	Aktiv-Passiv-Mehrung
6	Lieferantenverbindlichkeiten an Bankguthaben 10.000 €	Aktiv-Passiv-Minderung
7	Fahrzeuge an Eigenkapital 80.000 €	Aktiv-Passiv-Mehrung
8	Bankguthaben 60.000 € und Forderungen 60.000 € an bebaute Grundstücke 120.000 €	Aktivtausch

Sachverhalt 2 (Erfolgsbuchungen)[15]:

Die Eröffnungsbilanz einer als eigenbetriebsähnliche Einrichtung geführten Musikschule der Gemeinde G zum 01.01.2022 hat folgenden Inhalt:

Aktiva	**Bilanz zum**	**01.01.2022**	Passiva
Bebaute Grundstücke	1.000.000	Eigenkapital	1.090.000
BGA	200.000	Bankverbindlichkeiten	610.000
Bankguthaben	500.000		
Insgesamt	**1.700.000**	**Insgesamt**	**1.700.000**

Im Jahre 2022 fallen folgende Geschäftsvorfälle an:

1. Versendung von Bescheiden über Musikschulbeiträge in Höhe von 190.000 € mit sofortigem Zahlungseingang auf dem Bankkonto.
2. Malermeister Pinsel stellt für den Unterhaltungsanstrich des Musikschulgebäudes 15.000 € in Rechnung, die sofort per Banküberweisung bezahlt werden.
3. Die Abschreibungen betragen für die bebauten Grundstücke 80.000 € und für die Betriebs- und Geschäftsausstattung 22.000 €.
4. Es werden Gehälter in Höhe von 120.000 € per Banküberweisung bezahlt.
5. An einen Musikschulbenutzer wird ein Schadensersatzbetrag in Höhe von 1.000 € per Banküberweisung geleistet.
6. Die Musikschule nimmt Bescheide in Höhe von 3.000 € zurück und überweist die bereits eingegangenen Beträge an die Musikschulbenutzer zurück.
7. Für die Vermietung von Räumen gehen 10.000 € auf dem Bankkonto ein.
8. Es werden weitere Gehälter in Höhe von 27.000 € per Banküberweisung gezahlt.

[15] Die Bilanz und die Fallgestaltung sind stark vereinfacht, um den Studierenden die Möglichkeit zu geben, reine Erfolgsbuchungen zu trainieren.

Aufgabe:
Verarbeiten Sie die Finanzvorfälle in der kaufmännischen Buchführung und schließen Sie die Erfolgskonten über das Ergebnisrechnungskonto und die Bestandskonten über das Schlussbilanzkonto ab. Erstellen Sie die Schlussbilanz zum 31.12.2022. Formulieren Sie auch die entsprechenden Buchungssätze für die Finanzvorfälle 1 bis 8.

Lösung:

Bilanzkonten

S	Bebaute Grundstücke		H
AB	1.000.000	3)	80.000
		SBK	920.000
	1.000.000		1.000.000

S	Eigenkapital		H
ER	68.000	AB	1.090.000
SBK	1.022.000		
	1.090.000		1.090.000

S	BGA		H
AB	200.000	3)	22.000
		SBK	178.000
	200.000		200.000

S	Bankverbindlichkeiten		H
SBK	610.000	AB	610.000
	610.000		610.000

S	Bankguthaben		H
AB	500.000	2)	15.000
1)	190.000	4)	120.000
7)	10.000	5)	1.000
		6)	3.000
		8)	27.000
		SBK	534.000
	700.000		700.000

Erfolgskonten

S	Gehälter		H
4)	120.000	ERK	147.000
8)	27.000		
	147.000		147.000

S	Musikschulbeiträge		H
6)	3.000	1)	190.000
ERK	187.000		
	190.000		190.000

S	Gebäudeunterhaltung		H
2)	15.000	ERK	15.000
	15.000		15.000

S	Mieterträge		H
ERK	10.000	7)	10.000
	10.000		10.000

S	Abschreibungen		H
3)	102.000	ERK	102.000
	102.000		102.000

S	Sonst. ordentlicher Aufwand		H
5)	1.000	ERK	1.000
	1.000		1.000

Soll		**Ergebnisrechnungskonto (ERK)**	Haben
Gehälter	147.000	Musikschulbeiträge	187.000
Gebäudeunterhaltung	15.000	Mieterträge	10.000
Abschreibungen	102.000	Jahresfehlbetrag (Eigenkapital)	68.000
Sonst. ordentlicher Aufwand	1.000		
	265.000		**265.000**

Soll		**Schlussbilanzkonto (SBK)**	Haben
Bebaute Grundstücke	920.000	Eigenkapital	1.022.000
BGA	178.000	Bankverbindlichkeiten	610.000
Bankguthaben	534.000		
	1.632.000		**1.632.000**

Aktiva		**Schlussbilanz zum 31.12.2022**	Passiva
Bebaute Grundstücke	920.000	Eigenkapital	1.022.000
BGA	178.000	Bankverbindlichkeiten	610.000
Bankguthaben	534.000		
Summe:	**1.632.000**	**Summe:**	**1.632.000**

Lfd. Nr.	Buchungssätze
1	Bankguthaben an Musikschulbeiträge 190.000 €
2	Gebäudeunterhaltung an Bankguthaben 15.000 €
3	Abschreibungen 102.000 € an Gebäude 80.000 € und BGA 22.000 €
4	Gehälter an Bankguthaben 120.000 €
5	Sonstiger ordentlicher Aufwand an Bankguthaben 1.000 €[16]
6	Musikschulbeiträge an Bankguthaben 3.000 €
7	Bankguthaben an Mieterträge 10.000 €
8	Gehälter an Bankguthaben 27.000 €

[16] Ein Ausweis als außerordentlicher Aufwand scheitert in der Doppik an der Geringfügigkeit des Betrages. In der Kosten- und Leistungsrechnung ist dieser Betrag allerdings als nicht betriebstypisch zu behandeln, sodass dort keine Zuordnung zu den Kosten erfolgt (Ausweis in der neutralen Rechnung).

2. Besondere Buchungen

Die bislang dargestellte buchhalterische Erfassung von Geschäftsvorfällen mit der Buchung auf Bestands-, Erfolgs- und Finanzrechnungskonten ermöglicht grundsätzlich die Abbildung jedes buchungsrelevanten Sachverhalts in der Kommunalverwaltung. Spezielle Rechtsvorschriften oder Verfahrensabläufe führen dazu, dass bei der buchhalterischen Erfassung von einigen Geschäftsvorfällen Besonderheiten zu beachten sind. Auf die wesentlichen Besonderheiten wird nun im Folgenden eingegangen.

2.1 Dienstbezüge (Löhne und Gehälter)

Als Dienstleister beschäftigt jede Kommunalverwaltung eigenes Personal. Dabei wird zwischen Beamten, tariflich Beschäftigten und sonstigen Beschäftigten (z.B. Aushilfskräfte) unterschieden. Alle Beschäftigten erhalten für ihre Arbeitsleistung ein Entgelt, das hier für alle einheitlich als „Dienstbezüge" bezeichnet wird. Aufgrund unterschiedlicher Rechtsstellungen ergeben sich jedoch einige Unterschiede zwischen der Bezahlung von Beamten und der Bezahlung der übrigen Beschäftigten, die auch buchhalterisch zu beachten sind.

2.1.1 Dienstbezüge der Beamten

Die Zusammensetzung und Höhe der Bezüge von Beamten ergibt sich aus den einschlägigen Vorschriften des Besoldungsrechts. Für die Lohnbuchhaltung sind dabei die Gesamtbezüge von Bedeutung, die häufig auch als „Gesamtbrutto" bezeichnet werden.

Es wird von Bruttobezügen gesprochen, da diese Bezüge nicht vollständig an den Beamten ausgezahlt werden. Die Beamten müssen, wie alle anderen Einkommensempfänger, von ihren Bezügen Steuern zahlen, die vom Arbeitgeber unmittelbar vom Lohn abgezogen und an das Finanzamt weitergeleitet werden müssen.

	Bruttobezüge
-	**Steuern**
	Lohnsteuer
	Kirchensteuer
=	**Nettobezüge**
=	**Auszahlungsbetrag**

Aus Sicht des Arbeitgebers stellen die vollständigen Bruttobezüge Personalaufwand und Personalauszahlung dar. Die an das Finanzamt abzuführenden Steuern werden lediglich an einen anderen Empfänger überwiesen. Dabei ist zu beachten, dass die Steuern erst am 10. Kalendertag des auf die Lohnzahlung folgenden Monats fällig ist. Da die Beamtenbezüge i.d.R. am letzten Werktag des Vormonats ausgezahlt werden, erfolgt die Auszahlung der abzuführenden Steuern erst rd. 10 Tage später.

Während der Auszahlungsbetrag unmittelbar überwiesen wird und daher auch auf dem Finanzrechnungskonto als Auszahlung erfasst wird, wird die abzuführende Steuer zunächst auf dem Konto „Steuerverbindlichkeiten" (371) erfasst und erst später ausgezahlt.

Buchungsbeispiel:

Die Stadt S. überweist am 30.07. die Bezüge an den Stadtinspektor I. Die Bezügemitteilung von I weist folgende Positionen aus:

	Bruttobezüge:	2.100 €
-	**Steuern**	
	Lohnsteuer	- 270 €
	Kirchensteuer	- 25 €
=	**Nettobezüge**	**1.805 €**
=	**Auszahlungsbetrag**	**1.805 €**

Am 30.07. erfolgt bei der Abrechnung der Bezüge und nach der Bestätigung der Überweisung durch die Bank die Buchung.

Buchung:

501 Dienstbezüge Beamte	2.100 €	an	181 Bank	1.805 €
			371 Steuerverbindlichkeiten	295 €
[Mitführung Finanzrechnung:			701 Dienstbezüge Beamte	1.805 €]

Zum 10.08. sind nun die Steuern fällig, so dass rechtzeitig, d.h. etwa zwei Werktage vorher, die Steuerverbindlichkeit beglichen werden muss.

Buchung:

371 Steuerverbindlichkeiten	295 €	an	181 Bank	295 €
[Mitführung Finanzrechnung:			701 Dienstbezüge Beamte	295 €]

2.1.2 Dienstbezüge der tariflich und sonstigen Beschäftigten

Die übrigen Dienstbezüge der Beschäftigten unterscheiden sich von den Beamtenbezügen im Wesentlichen dadurch, dass hier eine Sozialversicherungspflicht besteht. In diesem Fall muss daher der Arbeitgeber nicht nur die Steuern, sondern auch die Beiträge zur Sozialversicherung separat berechnen und auszahlen. Dabei ist zu berücksichtigen, dass sich die Sozialversicherungsbeiträge in einen Arbeitnehmer- und einen Arbeitgeberanteil aufteilen. Während der Arbeitnehmeranteil Gehaltsbestandteil ist und damit praktisch so abgewickelt wird wie die Lohnsteuer, stellt der Arbeitgeberanteil zusätzlichen Aufwand für den Arbeitgeber dar.

Die Höhe der Sozialversicherungsbeiträge wird prozentual vom Bruttoeinkommen ermittelt und richtet sich nach den gesetzlichen Vorgaben. Lediglich im Bereich der Krankenversicherung kann es Abweichungen von der Beitragshöhe geben.

Sozialversicherungsbeiträge: Stand Januar 2021[17]

	gesamt	Arbeit-nehmer	Arbeit-geber
Rentenversicherung	18,60 %	9,30 %	9,30 %
Krankenversicherung (allgemeiner Beitrag)[18]	14,6 %	7,30 %	7,30 %
Arbeitslosenversicherung	2,40 %	1,20 %	1,20 %
Pflegeversicherung[19] sofern keine Elterneigenschaft (keine Kinder) zusätzlich	3,05 % 0,25 %	1,525 % 0,25 %	1,525 % -
Durchschnittlicher SV-Beitrag **mit** PV-Elterneigenschaft	38,65 %	19,325 %	19,325 %
Durchschnittlicher SV-Beitrag **ohne** PV-Elterneigenschaft	38,90 %	19,575 %	19,325 %

Die Höhe der Sozialversicherungsbeiträge ist durch Beitragsbemessungsgrenzen beschränkt. Einkommen oberhalb dieser Bemessungsgrenzen werden bei der Ermittlung der jeweiligen Beiträge nicht berücksichtigt.

Bei den Beitragsbemessungsgrenzen wird nach wie vor zwischen den neuen und alten Bundesländern unterschieden. Die Grenzen liegen z.Zt. (2021) bei:

- 7.100,00 € monatlich für die Arbeitslosen- und Rentenversicherung West,
- 6.700,00 € monatlich für die Arbeitslosen- und Rentenversicherung Ost,
- 4.837,50 € monatlich für die Kranken- und Pflegeversicherung West und Ost.

Der Arbeitgeber muss die fälligen Sozialversicherungsbeiträge (d.h. Arbeitnehmer- und Arbeitgeberanteil) so rechtzeitig an die gesetzliche Krankenkasse des jeweiligen Beschäftigten überweisen, dass sie auf dem Konto der Krankenkasse spätestens am drittletzten Bankarbeitstag wertgestellt sind.

Bei den sozialversicherungspflichtig Beschäftigten gilt somit unter Berücksichtigung der Arbeitnehmeranteile zur Sozialversicherung folgender Zusammenhang zwischen den Brutto- und den Nettobezügen:

---

17 Jeweils aktuelle Daten sind auf den Internetseiten der gesetzlichen Krankenkassen zu finden.

18 Der allgemeine Beitrag kann von den einzelnen Krankenkassen für die Arbeitnehmer um einen Zusatzbeitrag erhöht werden.

19 In Sachsen bestehen Unterschiede zur Aufteilung der Beiträge der Pflegeversicherung zu den übrigen Bundesländern. Die Arbeitnehmer zahlen in Sachsen einen höheren Beitrag als die Arbeitgeber.

	Bruttobezüge
-	**Steuern**
	Lohnsteuer
	Kirchensteuer
-	**Sozialversicherungsbeiträge (AN)**
	Rentenversicherung
	Krankenversicherung
	Arbeitslosenversicherung
	Pflegeversicherung
=	**Nettobezüge**
=	**Auszahlungsbetrag**

Darüber hinaus unterscheiden sich in diesen Fällen die Bruttobezüge vom zurechenbaren Personalaufwand, da der Arbeitgeber zusätzlich die Arbeitgeberanteile zu den Sozialversicherungen leisten muss.

	Bruttobezüge
+	**Sozialversicherungsbeiträge (AG)**
	Rentenversicherung
	Krankenversicherung
	Arbeitslosenversicherung
	Pflegeversicherung
=	**Personalaufwand**

Buchungsbeispiel:

Die Stadt S. will am 30.07. die Bezüge an den Beschäftigten B überweisen. Die Bezügemitteilung von B weist folgende Positionen[20] aus:

	Bruttobezüge	2.800 €
-	**Steuern**	
	Lohnsteuer	390 €
	Kirchensteuer	33 €
-	**Sozialversicherungsbeiträge (AN)**	
	Rentenversicherung	260 €
	Krankenversicherung	204 €
	Arbeitslosenversicherung	34 €
	Pflegeversicherung	43 €
=	**Nettobezüge**	**1.836 €**
=	**Auszahlungsbetrag**	**1.836 €**

[20] Die Steuern und Sozialversicherungsbeiträge wurden jeweils auf volle € gerundet.

Zusätzlich ergeben sich folgende Arbeitgeberanteile zur Sozialversicherung:

	Bruttobezüge	2.800 €
+	**Sozialversicherungsbeiträge (AG)**	
	Rentenversicherung	260 €
	Krankenversicherung	204 €
	Arbeitslosenversicherung	34 €
	Pflegeversicherung	43 €
=	**Personalaufwand**	**3.341 €**

Rechtzeitig vor dem drittletzten Bankarbeitstag im Juli, d.h. etwa am 25.07. ist bereits der Arbeitgeber- und Arbeitnehmeranteil zu Sozialversicherung an die gesetzliche Krankenkasse des B zu überweisen. Entsprechend ist die Personalabrechnung so frühzeitig zu erstellen. Es ergibt sich zu diesem Zeitpunkt folgende Buchung:

Buchung:

502 Dienstbezüge tarifl. Besch.	2.800 €			
505 SV-Beiträge (AG-Anteil)	541 €	an	181 Bank	1.082 €
			375 Verb. ggü. Beschäft.	1.836 €
			371 Steuerverbindlichkeiten	423 €
[Mitführung Finanzrechnung:			702 Dienstbezüge tar. B.	541 €]
[Mitführung Finanzrechnung:			705 SV-Beiträge	541 €]

Am 30.07. erfolgt die Überweisung der Dienstbezüge an die Beschäftigten und wird im Kontoauszug der Stadt S. belegt.

Buchung:

375 Verbindlichkeiten ggü. Besch.	1.836 €	an	181 Bank	1.836 €
[Mitführung Finanzrechnung:			702 Dienstbez. tar. Besch.	1.836 €]

Zum 10.08. sind nun die Steuern fällig, so dass rechtzeitig, d.h. etwa zwei Werktage vorher, die Steuerverbindlichkeit beglichen werden muss.

Buchung:

371 Steuerverbindlichkeiten	423 €	an	181 Bank	423 €
[Mitführung Finanzrechnung:			702 Dienstbez. tar. Besch.	423 €]

Der in diesem Beispiel dargestellte Buchungsablauf stellt den Normalfall dar, da die Bezüge der nicht beamteten Beschäftigten regelmäßig zum Ende des Monats, d.h. nach den Sozialversicherungsbeiträgen fällig werden.

Eine alternative Buchungsvariante ist in diesem Fall die Erfassung der Auszahlungen an die Sozialversicherung über ein Vorauszahlungskonto[21]. Die eigentliche Buchung der Personalaufwendungen erfolgt in diesem Fall erst mit der Gehaltszahlung. Bei dem vorliegenden Beispiel sähe diese Buchungsvariante folgendermaßen aus (ohne Finanzrechnung):

---

[21] Ein solches Konto sieht der Kontenplan der HSPV derzeit nicht vor. Es wäre bei den privatrechtlichen Forderungen (KG 17) einzuordnen.

Buchung bei Überweisung der SV-Beiträge:				
17 Vorauszahlungen SV	1.082 €	an	181 Bank	1.082 €
Buchung bei Überweisung der Dienstbezüge:				
502 Dienstbez. tarifl. Besch.	2.800 €			
505 SV-Beiträge (AG-Anteil)	541 €	an	181 Bank	1.836 €
			371 Steuerverbindlichk.	423 €
			17 Vorauszahlungen SV	1.082 €
Buchung bei Überweisung der Steuern:				
371 Steuerverbindlichkeiten	423 €	an	181 Bank	423 €

Erfolgt dagegen die Auszahlung an den Beschäftigten vorher, werden die später fälligen Sozialversicherungsbeiträge (AG- und AN-Anteil) zunächst gegen das Konto „Verbindlichkeiten ggü. Sozialversicherungsträgern“ (372) gebucht. Alternativ können auch alle Positionen zunächst gegen die entsprechenden Verbindlichkeitenkonten gebucht werden.[22]

2.2 Kauf und Verkauf von Anlage- und Umlaufvermögen

Der Kauf und Verkauf von Anlage- und Umlaufvermögen zählt grundsätzlich zu den Standardfällen, die bei der Darstellung der grundlegenden Buchungen bereits behandelt wurden. Dennoch soll an dieser Stelle auf Besonderheiten eingegangen werden, die bei der buchhalterischen Erfassung eine Rolle spielen und daher beachtet werden müssen.

2.2.1 Kauf von Anlagevermögen

Vermögensgegenstände, die dazu bestimmt sind, dauernd der Aufgabenerfüllung der Gemeinde zu dienen, sind nach § 34 Abs. 1 S. 2 KomHVO dem Anlagevermögen zuzurechnen. Diese Gegenstände sind in der Bilanz mit den Anschaffungs- und Herstellungskosten vermindert um die anzusetzenden Abschreibungen anzusetzen (§ 36 Abs. 1 S. 1 KomHVO). Für die Aktivierung beim Kauf sind daher die **Anschaffungskosten** nach § 34 Abs. 2 KomHVO maßgeblich. Nach dieser Vorschrift zählen zu den Anschaffungskosten „(...) die Aufwendungen, die geleistet werden, um einen Vermögensgegenstand zu erwerben und ihn in einen betriebsbereiten Zustand zu versetzen, soweit sie dem Vermögensgegenstand einzeln zugeordnet werden können.“[23]

---

[22] So z.B. Düngen/Zeiler, Rechnungswesen in der öffentlichen Verwaltung, Braunschweig 2007, S. 64 f.

[23] Identisch auch § 255 Abs. 1 HGB.

Danach setzen sich die Anschaffungskosten in folgender Weise zusammen:

Anschaffungspreis	Ansatzpflicht
+ Anschaffungsnebenkosten	
- Anschaffungspreisminderungen	
+ Nachträgliche Anschaffungskosten	
= Anschaffungskosten	

Anschaffungspreis:

Der Preis des kompletten Anlagegutes, d.h. inkl. allem Zubehör, das für die Herstellung eines betriebsbereiten Zustands erforderlich ist. Auch Aufwendungen, die zur Umrüstung, Aufrüstung oder Ergänzung des Vermögensgegenstands dienen und in engem zeitlichem Zusammenhang zur Anschaffung erfolgen (bis zu 3 Monaten), zählen zum Anschaffungspreis. Bei Hoheitsbetrieben, d.h. auch in Kommunalverwaltungen, umfasst der Anschaffungspreis auch die Umsatzsteuer. Nur in umsatzsteuerpflichtigen Unternehmen und bei Betrieben gewerblicher Art ist die Umsatzsteuer kein Bestandteil des Anschaffungspreises, da in diesen Fällen in Höhe der gezahlten Umsatzsteuer ein Erstattungsanspruch gegenüber dem Finanzamt entsteht. Der Kaufpreis ohne Umsatzsteuer wird als Netto-Kaufpreis bezeichnet. Wird die Umsatzsteuer einbezogen wird vom Brutto-Kaufpreis gesprochen.

Anschaffungsnebenkosten:

Zu den Anschaffungsnebenkosten zählen die Erwerbsnebenkosten (z.B. Notargebühren, Grunderwerbsteuer, Maklerprovisionen), die Bezugsnebenkosten (z.B. Porto, Verpackung, Transportversicherung) und die Nebenkosten der Inbetriebnahme (z.B. Montage, Anschlusskosten, Fundamentierung).

Anschaffungsp.minderungen: Von den Anschaffungskosten werden die einzeln zurechenbaren Anschaffungspreisminderungen abgezogen. Unter die Anschaffungspreisminderungen fallen Boni, Skonti und Rabatte. Auf Einzelheiten wird im nächsten Gliederungspunkt eingegangen.

Nachtr. Anschaffungskosten: Wird ein bereits im Betrieb befindlicher Vermögensgegenstand des Anlagevermögens nachträglich in der Weise aufgerüstet oder ergänzt, dass sich hierdurch zusätzliche Nutzungsmöglichkeiten ergeben, sind die entstehenden, dem Vermögensgegenstand einzeln zurechenbaren Aufwendungen dem Vermögensgegenstand als nachträgliche Anschaffungskosten zuzurechnen und nachträglich zu aktivieren.

Buchhalterisch bedeutet dies, dass Anschaffungspreis, Anschaffungsnebenkosten und nachträgliche Anschaffungskosten jeweils auf dem betroffenen aktiven Bestandskonto im Soll gebucht werden. Die Anschaffungspreisminderungen werden entweder direkt vom Kaufpreis abgezogen oder unmittelbar auf dem aktiven Bestandskonto im Haben gebucht. Bei der statistischen Mitbuchung der Finanzrechnung werden die Auszahlungen vollständig dem Investitionsbereich zugeordnet und auf dem Konto 783 „Auszahlungen für den Erwerb von beweglichen Sachen des Anlagevermögens" im Haben erfasst. Eine nachträgliche Anschaffungspreisminderung würde ebenfalls auf diesem Konto im Soll erfasst.

Buchungsbeispiel:

Die Gemeinde bestellt für das Büro des neuen Beigeordneten einen Schreibtisch. Der Preis beträgt lt. Katalog 2.800 € netto ohne Lieferung. Der Großhändler gewährt einen Behördenrabatt i.H.v. 15 % auf den Kaufpreis. Die Lieferung und Montage erfolgt durch einen Spediteur, der dafür 350 € brutto in Rechnung stellt. Unmittelbar nach Lieferung ergänzt ein örtlicher Schreiner den Schreibtisch um eine Halterung für einen PC. Der Schreiner stellt dafür 180 € netto in Rechnung.

Im Detail ergeben sich folgende Buchungen:

1. Lieferung und sofortige Überweisung des Kaufpreises unter Abzug des gewährten Rabatts. Dem Nettokaufpreis ist die Umsatzsteuer zuzurechnen (2.800 € x 1,19 = 3.332). Vom Bruttopreis ist dann der Rabatt abzuziehen (3.332 € x 0,85 = 2.832,20 €).

1. Buchung:

081 BGA	2.832,20 €	an	181 Bank	2.832,20 €
[Mitführung Finanzrechnung:			783 Ausz. bew. AV	2.832,20 €]

2. Nach Lieferung und Montage geht die Rechnung des Spediteurs über 350 € brutto ein. Es handelt sich bei den in Rechnung gestellten Leistungen um Bezugsnebenkosten und Nebenkosten der Inbetriebnahme. Diese sind dem neuen Schreibtisch einzeln zurechenbar und zählen daher zu den Anschaffungskosten.				
2. Buchung:				
081 BGA	350 €	an	352 Verbindl. LL	350 €
3. Die Rechnung des Spediteurs wird durch Banküberweisung beglichen.				
3. Buchung:				
352 Verbindl. LL	350 €	an	181 Bank	350 €
[Mitführung Finanzrechnung:			783 Ausz. bew. AV	350 €]
4. Nach erfolgter Ergänzung des Schreibtisches um die PC-Halterung geht die Rechnung des Schreiners über brutto 214,20 € (180 € x 1,19) ein. Sie wird noch am gleichen Tag durch Banküberweisung beglichen. Der Anbau der PC-Halterung erfolgt im engen zeitlichen Zusammenhang zur Anschaffung und zählt daher auch zu den Anschaffungskosten.				
4. Buchung:				
081 BGA	214,20 €	an	181 Bank	214,20 €
[Mitführung Finanzrechnung:			783 Ausz. bew. AV	214,20 €

Der Blick auf die Konten 081 „Betriebs- und Geschäftsausstattung“ und 783 „Auszahlungen für den Erwerb von beweglichem Anlagevermögen“ zeigt nach diesen Buchungen folgendes Bild:

081

Soll		Haben	
1.	2.832,20 €		
2.	350,00 €		
4.	214,20 €		

783

Soll		Haben	
		1.	2.832,20 €
		3.	350,00 €
		4.	214,20 €

Das aktive Bestandskonto 081 weist einen Zugang in Höhe der gesamten Anschaffungskosten von 3.396,40 € auf der Soll-Seite aus. Um diesen Betrag hat sich demnach das Anlagevermögen erhöht. Das statistisch mitgeführte Finanzrechnungskonto 783 weist in der gleichen Höhe Buchungen auf der Haben-Seite aus. Die Investitionsauszahlungen haben sich durch die Beschaffung des Schreibtisches ebenfalls um diesen Betrag erhöht.

Wird bei einer Bestellung vom Lieferanten bereits eine **Anzahlung** verlangt, ist dies aus Sicht des Bestellers eine Vorleistung auf die vom Lieferanten noch zu erbringende Leistung. Solche Anzahlungen auf Anlagengegenstände werden bereits dem Anlagevermögen zugerechnet und sind auf dem Konto 091 „Geleistete Anzahlungen für Sachanlagen" im Soll zu buchen. Auf dem Finanzrechnungskonto wird die Anzahlung unmittelbar als Investitionsauszahlung auf dem endgültigen Konto (z.B. 783) erfasst. Nach erfolgter Lieferung erfolgt dann eine Umbuchung der Anzahlung vom Konto 091 (Haben) auf das entsprechende Anlagenkonto (Soll). Erst diese Umbuchung stellt die eigentliche Aktivierung dar.

2.2.2 Verkauf von Anlagevermögen

Der Verkauf von Anlagevermögen gehört definitionsgemäß nicht zum typischen Geschäft eines Unternehmens oder einer Verwaltung. Das Anlagevermögen ist ja gerade dazu bestimmt „dauerhaft der Aufgabenerfüllung zu dienen". Aus diesem Grunde wird ein entstehender Verkaufserlös in der Buchhaltung **nicht** als normaler Umsatzerlös (Konto 441) oder anderes privates Leistungsentgelt (Konto 445) erfasst.

Wie bei einem Kauf von Vermögensgegenständen des Anlagevermögens handelt es sich bei einem Verkauf zunächst einmal um einen Aktivtausch:

Kauf von Anlagevermögen	**Verkauf von Anlagevermögen**
Auswirkung in einer vereinfachten Bilanz: **Bilanz** Aktiva / Passiva **I. AV (Zugang)** — I. EK II. UV **Finanzmittel (Abgang)** — II. FK	Auswirkung in einer vereinfachten Bilanz: **Bilanz** Aktiva / Passiva **I. AV (Abgang)** — I. EK II. UV **Finanzmittel (Zugang)** — II. FK
Beim Kauf von Anlagevermögen erhöht sich der Bestand auf dem Anlagenkonto (Soll-Buchung), gleichzeitig vermindert sich der Bestand an Finanzmitteln (Haben-Buchung).	Beim Verkauf von Anlagevermögen vermindert sich der Bestand auf dem Anlagenkonto (Haben-Buchung), gleichzeitig erhöht sich der Bestand an Finanzmitteln (Soll-Buchung).

Beide Geschäftsvorfälle sind also grundsätzlich vergleichbar. Dies führt u.a. dazu, dass sowohl der Finanzmittelabgang bei einem Kauf von Anlagevermögen als auch der Finanzmittelzugang bei einem Verkauf von Anlagevermögen auf Finanzrechnungskonten erfasst werden, die der Investitionstätigkeit zugeordnet werden (Kontengruppen 78 oder 68).

Es bleibt aber festzustellen, dass es einen systematischen Unterschied zwischen dem Zu- und Abgang von Anlagevermögen gibt. Dieser Unterschied besteht darin, dass bei einem normalen Kauf von Vermögensgegenständen des Anlagevermögens der Finanzmittelabgang (Zahlung Anschaffungskosten) betragsmäßig immer mit dem Anlagenzugang (Bewertung zu Anschaffungskosten) übereinstimmt. Es handelt sich also immer um einen „lupenreinen" Aktivtausch.

Beim **Verkauf von Anlagevermögen** stimmen Anlagenabgang und Finanzmittelzugang wertmäßig nur zufällig überein. Die Höhe des Anlagenabgangs bestimmt sich nämlich alleine nach dem in der Buchhaltung noch verbliebenen Buchwert (Anschaffungskosten – Abschreibung bis zur Veräußerung = Buchwert bei Veräußerung). Der Finanzmittelzugang bemisst sich dagegen alleine nach dem vereinbarten Kaufpreis.

Es sind daher drei Fallkonstellationen zu unterscheiden:

a) Verbliebener Buchwert = Vereinbarter Kaufpreis

In diesem Fall stimmen Anlagenabgang und Finanzmittelzugang (zufällig) wertmäßig überein, so dass er buchhalterisch alleine auf den Bestandskonten abgewickelt werden kann. In der Finanzrechnung wird der Verkaufserlös als Einzahlung aus dem Bereich der Investitionen behandelt.

Buchungsbeispiel:				
Ein Notebook mit einem Restbuchwert von 200 € wird für 200 € an einen Mitarbeiter gegen Barzahlung verkauft.				
Buchung:				
181 Bank	200 €	an	081 BGA	200 €
[682 Einzahlung Veräußerung AV	200 €		Mitführung Finanzrechnung]	

b) Verbliebener Buchwert < Vereinbarter Kaufpreis

Kann der Vermögensgegenstand über dem Buchwert verkauft werden, ergibt sich daraus, dass der Anlagenabgang (Haben-Buchung auf dem Anlagenkonto) betragsmäßig kleiner ist als der Finanzmittelzugang (Soll-Buchung auf dem Finanzmittelkonto). Der übersteigende Verkaufserlös wird als Ertrag aus der Veräußerung von Sachanlagen (Konto 451) erfasst (Haben-Buchung auf dem Ertragskonto), so dass Soll- und Haben-Buchungen ausgeglichen sind. Für die Finanzrechnung ergeben sich keine Besonderheiten.

Buchungsbeispiel:				
Ein Notebook mit einem Restbuchwert von 200 € wird für 300 € an einen Mitarbeiter gegen Barzahlung verkauft.				
Buchung:				
181 Bank	300 €	an	081 BGA	200 €
			451 Erträge Anlagenabgang	100 €
[682 Einzahlung Veräußerung AV	300 €		Mitführung Finanzrechnung]	

c) Verbliebener Buchwert > Vereinbarter Kaufpreis

Muss der Vermögensgegenstand unter dem Buchwert verkauft werden, ergibt sich daraus, dass der Anlagenabgang (Haben-Buchung auf dem Anlagenkonto) betragsmäßig größer ist als der Finanzmittelzugang (Soll-Buchung auf dem Finanzmittelkonto). Der den Verkaufserlös übersteigende Anlagenabgang wird als Verlust aus dem Abgang von Anlagevermögen (Konto 545) erfasst (Soll-Buchung auf dem Aufwandskonto), so dass Soll- und Haben-Buchungen ausgeglichen sind. Für die Finanzrechnung ergeben sich keine Besonderheiten.

Buchungsbeispiel:

Ein Notebook mit einem Restbuchwert von 200 € wird für 150 € an einen Mitarbeiter gegen Barzahlung verkauft.

Buchung:

181 Bank	150 €			
545 Verlust Anlagenabgang	50 €	an	081 BGA	200 €
[682 Einzahlung Veräußerung AV	150 €		Mitführung Finanzrechnung]	

Erträge aus der Veräußerung von Anlagevermögen (Konto 451) und Verluste aus dem Abgang von Anlagevermögen (Konto 545) werden aufgrund von § 44 Abs. 3 KomHVO im kommunalen Rechnungswesen in Nordrhein-Westfalen teilweise[24] unmittelbar mit dem Eigenkapital verrechnet. Diese Verrechnung erfolgt i.d.R. im Rahmen der Jahresabschlussarbeiten. Für die Verrechnung mit der Allgemeinen Rücklage sieht der Kontenplan der HSPV entsprechende Verrechnungskonten (453 bzw. 546) vor.

Bei den obigen Beispielen ergäben sich – vorausgesetzt eine Anwendung des § 44 Abs. 3 KomHVO wäre in diesen Fällen angezeigt – bezogen auf die einzelnen Buchungen zusätzlich folgende Verrechnungsbuchungen:

Buchungsbeispiel Buchwert < Kaufpreis:

Ein Notebook mit einem Restbuchwert von 200 € wird für 300 € an einen Mitarbeiter gegen Barzahlung verkauft.

Verrechnungsbuchung:

453 Verrechnung v. Veräußerungsertr.	100 €	an	201 Allgemeine Rücklage	100 €

Buchungsbeispiel Buchwert > Kaufpreis:

Ein Notebook mit einem Restbuchwert von 200 € wird für 150 € an einen Mitarbeiter gegen Barzahlung verkauft.

Verrechnungsbuchung:

201 Allgemeine Rücklage	50 €	an	546 Verr. v. Veräußerungsverl.	50 €

---

24 Leider ist auch über 8 Jahre nach der Einführung dieser Verfahrensweise weiterhin unklar, welche Erträge und Aufwendungen aus der Veräußerung von Anlagevermögen genau unter diese Regelung fallen. Dies führt auch in der Praxis zu einer sehr unterschiedlichen und intransparenten Anwendung mit erheblichen Auswirkungen auf Jahresergebnis und Haushaltsausgleich. Im Rahmen dieses Buches kann lediglich die Buchungstechnik dargestellt werden.

2.2.3 Kauf und Verbrauch von Roh-, Hilfs- und Betriebsstoffen

Sowohl für die Produktion in einem privatrechtlichen Unternehmen als auch für die Aufgabenerfüllung einer Kommunalverwaltung wird Material gebraucht. Bei dem eingesetzten Material wird zwischen Roh-, Hilfs- und Betriebsstoffen unterschieden:

> **Rohstoffe** gehen unmittelbar in das zu fertigende Erzeugnis ein und werden dessen Hauptbestandteil. (z.B. Holz, Blech)
>
> **Hilfsstoffe** gehen unmittelbar in das zu fertigende Erzeugnis ein, ihr mengen- und wertmäßiger Anteil an dem Erzeugnis ist gering. (z.B. Nägel, Schrauben)
>
> **Betriebsstoffe** werden bei der Fertigung des Erzeugnisses verbraucht und werden daher kein Bestandteil des Erzeugnisses. (z.B. Energie, Motoröl)

Da die Kommunalverwaltung überwiegend Dienstleistungen erbringt, spielt der Materialverbrauch für die Leistungserbringung in den meisten Bereichen eine untergeordnete Rolle. In einzelnen Fällen, z.B. bei der Erstellung des Haushaltsplans in der städtischen Druckerei oder beim Winterdienst auf den Gemeindestraßen werden allerdings Materialien für die Leistungserstellung benötigt.

Bei der buchhalterischen Erfassung von Kauf und Verbrauch des eingesetzten Materials werden drei Varianten unterschieden:

a) Aufwandsorientierte Erfassung

Material, das wertmäßig von untergeordneter Bedeutung ist und/oder nur für sehr kurze Zeit gelagert wird (Just-in-time-Produktion) wird buchhalterisch so behandelt, als würde es zum Zeitpunkt der Lieferung unmittelbar verbraucht. Man spricht von der sog. **Verbrauchsfiktion**. Weil von einem unmittelbaren Verbrauch ausgegangen wird, erfolgt die Erfassung unmittelbar auf dem Aufwandskonto 526 „Aufwendungen für Roh-, Hilfs-, Betriebsstoffe und Waren"[25].

Buchungsbeispiel:				
Eine Mitarbeiterin der Volkshochschule hat für 45 € im Schreibwarengeschäft 30 Whiteboard-Stifte gekauft und bar bezahlt.				
Buchung:				
526 Aufwendungen RHB	45 €	an	182 Kasse	45 €
[Mitführung Finanzrechnung:			726 Auszahlungen RHB	45 €]

[25] Aufgrund der nicht ganz klaren Zuordnung im Kontierungsplan (Anlage 18 VV Muster zur GO und KomHVO) kommt in diesem Fall auch eine Erfassung bei der Kontengruppe 54 als Geschäftsaufwendungen in Frage.

b) Bestandsorientierte fortlaufende Erfassung

Bei Material, das wertmäßig bedeutender ist und/oder länger eingelagert wird, kann eine Lagerbuchhaltung eingerichtet werden. Aufgabe der Lagerbuchhaltung ist die vollständige und getrennte Erfassung aller Lagerzu- und –abgänge. Dabei werden Materialeinkäufe als Zugang auf dem Materialbestandskonto (Konto 151) im Soll erfasst. Der Materialverbrauch muss in diesem Fall zusätzlich bei jeder Lagerentnahme z.B. durch einen Materialentnahmeschein dokumentiert und buchhalterisch nachvollzogen werden. Dies erfolgt durch die Erfassung des Abgangs auf dem Konto 151 im Haben und der Gegenbuchung auf dem Konto 526 im Soll.

Buchungsbeispiel:				
Der Baubetriebshof füllt sein vollständig leeres Lager mit 30 t Streusalz. Der Rechnungsbetrag beläuft sich auf 3.000 € brutto.				
Buchung:				
151 RHB	3.000 €	an	352 Verbindl. LL	3.000 €
[Mitführung Finanzrechnung:			erst bei Bezahlung!]	
Lt. Materialentnahmeschein wurde 1t Streusalz verbraucht. Wertmäßig ergibt sich daraus ein Verbrauch von 100 €.				
Buchung:				
526 Aufwendungen RHB	100 €	an	151 RHB	100 €

c) Bestandsorientierte nachträgliche Erfassung

Erscheint die Einrichtung einer Lagerbuchhaltung zu aufwendig, soll aber dennoch der genaue Verbrauch erfasst werden, kann dies nachträglich für das vergangene Jahr im Rahmen der Inventur erreicht werden.

Der Verbrauch ergibt sich aus den Inventurergebnissen des Vorjahres und des aktuellen Jahres und den zwischenzeitlichen Zugängen:

	Bestand lt. Vorjahresinventur
+	Zugänge im lfd. Jahr
-	Bestand lt. Inventur am Jahresende
=	**Verbrauch im lfd. Jahr**

Zunächst werden daher nur die Materialzugänge auf dem Bestandskonto 151 im Soll erfasst. Zusammen mit dem Anfangsbestand auf diesem Konto ergibt sich daraus der theoretische Bestand, der sich ergeben würde, wenn im laufenden Jahr nichts verbraucht worden wäre.

Erst nach Abschluss der Inventur wird nun der Schlussbestand im Haben gebucht. Aus der Differenz zum Bestand auf der Soll-Seite ergibt sich automatisch der zu buchende Verbrauch.

Buchungsbeispiel:				
Der wertmäßige Bestand an Streusalz betrug lt. Vorjahresinventur 800 €. Dieser Bestand wurde bereits als Anfangsbestand auf dem Konto 151 erfasst. Im laufenden Jahr wird Streusalz im Wert von 2.000 € auf Rechnung gekauft.				
Buchung:				
151 RHB	2.000 €	an	352 Verbindl. LL	2.000 €
[Mitführung Finanzrechnung:			erst bei Bezahlung!]	
Das Inventar am Jahresende weist einen Bestand an Streusalz im Wert von 600 € aus.				
Buchung:				
802 Schlussbilanzkonto	600 €	an	151 RHB	600 €
Aus der Differenz von Soll und Haben ergibt sich der Verbrauch. Anfangsbestand und Zugang ergeben einen Betrag von 2.800 € im Soll. Im Haben wurde lediglich der Schlussbestand in Höhe von 600 € erfasst. Der Verbrauch im vergangenen Jahr betrug demnach 2.200 €. Dieser Verbrauch wird nun nachträglich erfasst und das Konto damit ausgeglichen.				
Buchung:				
526 Aufwendungen RHB	2.200 €	an	151 RHB	2.200 €

Abweichend von der bisherigen Darstellung, kann **Material** auch **für die Herstellung von Anlagevermögen** eingesetzt werden. Dies wäre z.B. der Fall, wenn die Gemeinde einen Wirtschaftsweg durch eigene Mitarbeiter verlängert und sich dafür Sand und Bitumenkies liefern lässt. In diesem Fall wird das Material im buchhalterischen Sinne nicht verbraucht, da es in den neuen Vermögensgegenstand eingeht. Dies wird in der Buchhaltung durch einen entsprechenden Zugang auf dem Anlagenkonto (zunächst i.d.R. 092 „Anlagen im Bau“) im Soll dokumentiert.

2.2.4 Kauf und Verkauf von Waren

Beispiele für Waren sind im Bereich der Kommunalverwaltung sehr selten. Zu nennen wären Familienstammbücher, die im Standesamt verkauft werden oder auch Stadtpläne oder Wanderkarten, die die Stadttouristik zum Verkauf anbietet.

> **Waren** sind gekaufte Vorräte, die ohne weitere Ver- oder Bearbeitung weiterveräußert werden.

Der Kauf und Verkauf von Waren kann in der Buchhaltung grundsätzlich ähnlich behandelt werden, wie der Kauf und Verbrauch von Material bei der bestandsorientierten nachträglichen Buchungsvariante.

Beim Einkauf der Waren erfolgt eine Bestandsmehrung auf dem Konto 152 „Waren“ (Soll-Buchung) und eine entsprechende Gegenbuchung im Haben auf einem Finanzmittelkonto (181 oder 182) oder den Verbindlichkeiten aus Lieferung und Leistung (352).

Buchungsbeispiel:				
Die Stadt hat für das Stadttouristikbüro zum Weiterverkauf 100 neue Stadtpläne für 250 € gegen Rechnung gekauft.				
Buchung:				
152 Waren	250 €	an	352 Verbindlichkeiten LL	250 €

Der Verkauf von Waren erfolgt über eine Barkasse oder gegen Rechnung. Jeder einzelne Verkaufsvorgang wird einzeln dokumentiert und als Umsatzerlös erfasst.

Buchungsbeispiel:				
Das Stadttouristikbüro verkauft einen Stadtplan für 4 € in bar.				
Buchung:				
182 Kasse	4 €	an	441 Umsatzerlöse	4 €
[641 Umsatzerlöse	4 €		Mitführung Finanzrechnung]	

Die Änderung des Warenbestands durch den Verkauf wird erst im Rahmen der Inventur berücksichtigt. Anhand der Inventurbestände und der Zugänge im laufenden Jahr wird nun abschließend der Aufwand für die Waren ermittelt und gebucht. Das Verfahren ist mit Verbrauchsermittlung und -buchung bei der bestandsorientierten nachträglichen Erfassung des Materialverbrauchs identisch.

2.3 Preisnachlässe bei Ein- und Verkauf

Lieferanten gewähren ihren Kunden häufig Preisnachlässe in unterschiedlicher Form. Von Bedeutung ist dabei insbesondere das Skonto, das bei Zahlung innerhalb eines vom Lieferanten bestimmten Zeitraums gewährt wird. Daneben gibt es Rabatte, die z.B. für bestimmte Kundenkreise (Behördenrabatt) gewährt werden. Preisnachlässe in Form von Boni werden meistens nachträglich umsatzabhängig gewährt. Preisnachlässe können auch aufgrund von Mängelrügen nachträglich gewährt werden.

Im Voraus gewährte Preisnachlässe, z.B. Rabatte die bereits im Rechnungsbeleg berücksichtigt sind, spielen aus Sicht der Buchhaltung keine Rolle. Erfasst wird in diesen Fällen der Bruttokauf- bzw. –verkaufspreis, der bereits den gewährten Nachlass enthält.

Korrekturbuchungen sind immer dann erforderlich, wenn die Preisnachlässe nachträglich gewährt werden, bzw. wie beim Skonto, nur unter bestimmten Umständen in Anspruch genommen werden können.

Unabhängig von der Art der Eingangs- oder Ausgangsrechnung muss jeder nachträgliche Preisnachlass auf den zuvor bebuchten Konten korrigiert werden. Dies gilt auch dann, wenn aus Gründen der Übersichtlichkeit zunächst Nachlass- bzw. Berichtigungskonten (z.B. Konto 442) bebucht werden. Diese Nachlass- bzw.

Berichtigungskonten sind spätestens zum Jahresabschluss über die ursprünglich bebuchten Konten abzuschließen.[26] Die weiteren Ausführungen vernachlässigen aus Vereinfachungsgründen die Nachlass- und Berichtigungskonten.

Handelt es sich z.B. bei der Eingangsrechnung um eine Handwerkerrechnung für eine Reparatur, die als Grundstücksinstandhaltung auf dem Aufwandskonto 521 im Soll erfasst wurde, müsste diese Buchung bei Inanspruchnahme von Skonto durch eine entsprechende Gegenbuchung auf der Habenseite desselben Kontos korrigiert werden.

Buchungsbeispiel:				
Die Stadt erhält am 26.01. für durchgeführte Malerarbeiten in der Grundschule eine Eingangsrechnung über 4.000 € vom Malermeister Meier. Meier gewährt bei Zahlung innerhalb von 10 Tagen 2 % Skonto.				
Buchung:				
521 Grundstücksinstandhaltung	4.000 €	an	352 Verbindlichkeiten LL	4.000 €

Am 03.02. überweist die Stadt unter Abzug des Skontos den Rechnungsbetrag i.H.v. 3.920 €				
Buchung:				
352 Verbindlichkeiten LL	4.000 €	an	181 Bank	3.920 €
			521 Grundstücksinstandhaltung	80 €
[Mitführung Finanzrechnung:			721 Grundstücksinstandhaltung	3.920 €]

Handelt es sich bei dem Geschäftsvorfall um die Beschaffung von Anlagevermögen (Investition), wird die Korrektur auf dem entsprechenden Anlagenkonto durchgeführt.

Wird ein Preisnachlass erst nach Begleichung der Rechnung gewährt, muss zusätzlich auch die Buchung auf dem Finanzrechnungskonto korrigiert werden.

Buchungsbeispiel:				
Die Stadt erhält am 06.02. eine Rechnung über 2.500 € für eine neue Glasvitrine im Stadtmuseum.				
Buchung:				
081 BGA	2.500 €	an	352 Verbindlichkeiten LL	2.500 €
Am 10.02. überweist die Stadt den Rechnungsbetrag i.H.v. 2.500 €				
Buchung:				
352 Verbindlichkeiten LL	2.500 €	an	181 Bank	2.500 €
[Mitführung Finanzrechnung:			783 Erwerb bew. AV	2.500 €]

[26] Vgl. z.B. Placke/Sprenger-Menzel, Grundlagen des externen Rechnungswesens, Stuttgart 2017, S. 131.

Am 15.02. stellt ein Mitarbeiter des Stadtmuseums fest, dass das Glas der Vitrine an mehreren Stellen leichte Trübungen aufweist. Nach Rücksprache mit dem Lieferanten einigt man sich auf einen Preisnachlass i.H.v. 300 €. Dieser Betrag geht am 18.02. auf dem städtischen Konto ein.				
Buchung:				
181 Bank	300 €	an	081 BGA	300 €
[783 Erwerb bew. Anlagevermögen	-300 €		Mitführung Finanzrechnung]	

Preisnachlässe, die die Gemeinde gewährt, spielen praktisch keine Rolle, da sie formal als Teilerlass nach § 27 Abs. 3 KomHVO bzw. § 227 AO angesehen werden müssen und daher nur bei Vorliegen der dort festgelegten Voraussetzungen erfolgen dürfen.[27] Kommt es dennoch zur Gewährung eines Preisnachlasses durch die Gemeinde, erfolgt die buchhalterische Abwicklung auf den Ertrags-, Bestands-, und Einzahlungskonten entsprechend dem oben dargestellten Verfahren.

2.4 Aktivierte Eigenleistungen

Für Vermögensgegenstände, die selbstständig verwertbar sind und an denen die Gemeinde das wirtschaftliche Eigentum hat, besteht nach § 34 Abs. 1 KomHVO eine Aktivierungspflicht. Handelt es sich dabei um Vermögensgegenstände die dauerhaft der Aufgabenerfüllung der Gemeinde dienen sollen, sind sie als Anlagevermögen zu aktivieren. Der zu aktivierende Wert der Vermögensgegenstände ergibt sich aus den anzusetzenden Anschaffungs- (§ 34 Abs. 2 KomHVO) oder Herstellungskosten (§ 34 Abs. 3 KomHVO).

Mit Ausnahme der immateriellen Vermögensgegenstände, für die nach § 44 Abs. 1 KomHVO ein ausdrückliches Aktivierungsverbot besteht, gilt die Aktivierungspflicht auch für selbst erstellte Anlagegüter. Auch wenn dies in der Kommunalverwaltung eher untypisch ist, kommt es immer wieder vor, dass eigene Mitarbeiter/innen im Rahmen ihrer dienstlichen Tätigkeit für die Gemeinde Vermögensgegenstände herstellen oder zumindest an der Herstellung beteiligt sind. So können z.B. Mitarbeiter des Bauhofs ein Spielgerät bauen oder auch nur aufstellen. Ein Schulhausmeister kann einen Transportwagen für naturwissenschaftliche Versuche herstellen oder eine Architektin aus dem Bauamt erstellt die Bauplanung für eine neue Sporthalle. In allen Fällen sind die Leistungen der eigenen Mitarbeiter/innen bei der Aktivierung des jeweiligen Vermögensgegenstands nach den Vorgaben des § 34 Abs. 2 u. 3 KomHVO zu berücksichtigen.

---

[27] Es stellt sich dem wirtschaftlich denkenden Leser hier die Frage, warum Verfahrensweisen wie z.B. die Skontogewährung, die sich bei privaten Gläubigern offensichtlich bewährt haben, bis heute nicht ohne rechtliche Probleme in der Öffentliche Verwaltung eingesetzt werden können.

Die Aktivierung erfolgt im Soll auf dem entsprechenden Anlagenkonto und im Haben auf dem Ertragskonto 471 „Aktivierte Eigenleistungen".[28]

Buchung:		
Anlagenkonto (z.B. 081)	an	471 Aktivierte Eigenleistungen

Durch die Habenbuchung auf dem Ertragskonto wird der durch die Herstellung entstandene Aufwand (z.B. Personalaufwand) neutralisiert. Die Höhe der aktivierten Eigenleistungen ergibt sich allerdings nicht automatisch aus den bereits gebuchten Personalaufwendungen, sondern wird im Rahmen des internen Rechnungswesens (Kosten- und Leistungsrechnung) ermittelt.

Fremdleistungen und Materialien, die speziell für die Herstellung des Vermögensgegenstands zugekauft werden, werden i.d.R. unmittelbar auf dem entsprechenden Anlagenkonto erfasst.

Buchung:		
Anlagenkonto (z.B. 081)	an	181 Bank
[Mitführung Finanzrechnung:	z.B.	783 Auszahlungen Erw. bew. AV]

Lediglich die aus dem Lager der Gemeinde entnommenen Materialien werden ebenfalls als Eigenleistungen erfasst.

Buchungsbeispiel:

Im städtischen Kindergarten wird eine neue Schaukel aufgestellt. Das Schaukelgestell wurde von zwei Mitarbeitern des Bauhofs aus Holz gebaut. Das Holz, der Schaukelsitz und die Seile wurden beim Fachhandel gekauft. Die für die Fertigung notwendigen Schrauben und sonstigen Materialien wurden dem Materiallager des Bauhofs entnommen. Auch die für die Aufstellung notwendigen Materialien (u.a. Kies, Beton) stammen aus dem Bauhoflager. Die Aufstellung erfolgte ebenfalls durch Bauhofmitarbeiter.

1. In der Buchhaltung geht zunächst die Rechnung des Fachhändlers über Holz, Schaukelsitz und Schaukelseil über 420 € brutto ein.

1. Buchung:				
081 BGA	420 €	an	352 Verbindl.LL	420 €

2. Der Rechnungsbetrag wird ein paar Tage später überwiesen.

2. Buchung:				
352 Verbindlichk. LL	420 €	an	181 Bank	420 €
[Mitführung Finanzrechnung:			783 Ausz. Erw. bew. AV	420 €]

3. Nach Abschluss der Maßnahme übersendet der Kostenrechner des Bauhofs der Buchhaltung einen Eigenbeleg mit folgenden Informationen:

[28] Vgl. hierzu auch Zschenderlein, Kompakt-Training Buchführung, 4. Auflage, Ludwigshafen 2003, S. 182 f und Heidler, Öffentliches Rechnungs- und Prüfungswesen – Band 1, Berlin 2018, S. 83 f.

Personalkosten für den Bau des Spielgeräts:	400 €
Materialkosten für den Bau des Spielgeräts:	15 €
Personalkosten für Aufstellung:	80 €
Materialkosten für die Aufstellung:	25 €
Summe:	520 €

3. Buchung:

081 BGA	520 €	an	471 Aktivierte Eigenleistung	520 €

Der Blick auf die betroffenen Konten zeigt nach diesen Buchungen folgendes Bild:

081

Soll		Haben	
AB			
1.	420,00 €		
3.	520,00 €		

352

Soll		Haben	
		AB	
2.	420,00 €	1.	420,00 €

181

Soll		Haben	
AB		2.	420,00 € [783]

471

Soll		Haben	
		3.	520,00 €

Die BGA hat sich insgesamt um 940 € erhöht. Der Bestand auf dem Bankkonto hat sich um 420 € vermindert und der Ertrag aus aktivierten Eigenleistungen um 520 € erhöht.

Aktivierte Eigenleistungen können nicht nur bei der Herstellung, sondern auch bei der Anschaffung von Vermögensgegenständen als Anschaffungsnebenkosten (insb. als Nebenkosten der Inbetriebnahme) vorkommen. Dabei ist zu beachten, dass im Bereich der Anschaffungs(neben)kosten ausschließlich die Kosten berücksichtigt werden dürfen, die dem „Vermögensgegenstand einzeln zugeordnet werden können" (§ 34 Abs. 2 S. 1 KomHVO). Handelt es sich dagegen um Herstellungskosten kommt gem. § 34 Abs. 3 KomHVO auch die Aktivierung von verrechneten Gemeinkosten in Frage.[29]

2.5 Übungsaufgabe

Bei der Stadt R ergeben sich im laufenden Jahr folgende Geschäftsvorfälle:

1. Die Januar-Gehälter der tariflich Beschäftigten sind zum 31.01. fällig. Die Brutto-Gehälter betragen insgesamt 900.000 €. Darin enthalten sind die Arbeitnehmer-Anteile zu den Sozialversicherungsbeiträgen i.H.v. 186.000 € und die Lohnsteuer i.H.v. 126.000 €. Der Arbeitgeber-Anteil zu den Sozialversicherungsbeiträgen beträgt 175.000 €. Alle Beträge werden rechtzeitig überwiesen.
2. Die Stadt erwirbt ein neues Klavier für die Musikschule. Der Kaufpreis beträgt 4.000 € zzgl. USt. Das Klavier wird am 04.02. geliefert. Am selben Tag geht auch die Rechnung ein. Für den Transport berechnet das Musikgeschäft zusätzlich pauschal 100 € netto. Gemäß der Zahlungsbedingungen gewährt das Musikgeschäft 2 % Skonto auf den Rechnungsbetrag bei Zahlung innerhalb von 10 Tagen.
3. Am 06.02. wird der fällige Rechnungsbetrag an das Musikgeschäft überwiesen.
4. Am 10.02. kommt ein Klavierstimmer, der das neue Klavier stimmt, damit es benutzt werden kann. Anschließend erhält er 70 € in bar.
5. Ein altes Klavier der Musikschule wird von einem Musikschüler am 25.02. gekauft. Der vereinbarte Kaufpreis i.H.v. 200 € wird in bar bezahlt. Das alte Klavier hat zum Verkaufszeitpunkt einen Erinnerungsbuchwert von 1 €. (Eine unmittelbare Verrechnung mit dem Eigenkapital gem. § 44 Abs. 3 KomHVO ist hier nicht vorzunehmen.)
6. Die Stadt kauft am 05.03. für 2.000 € Material auf Ziel, das zunächst gelagert wird. Der Rechnungsbetrag beinhaltet 19 % Umsatzsteuer.
7. Die Stadt bestellt am 10.06. einen neuen PC für die Feuerwache. Der Katalogpreis beträgt 1.200 € brutto.
8. Der PC wird am 30.06. ordnungsgemäß geliefert. Die Rechnung über 1.200 € zzgl. Versandpauschale von 12 € brutto liegt bei.
9. Der Rechnungsbetrag für den PC wird am 15.07. überwiesen.

---

[29] Vgl. hierzu im Einzelnen die Ausführungen unter 3.1.1.1.

10. Auf telefonische Nachfrage stellt sich heraus, dass der PC-Lieferant einen Behördenrabatt i.H.v. 5 % auf den Katalogpreis gewährt. Der überzahlte Betrag wird zurücküberwiesen und geht am 20.07. auf dem städtischen Konto ein.

11. Ein Mitarbeiter der EDV-Abteilung hat dienstlich ein DV-Programm zur Berechnung der Urlaubsrückstellungen programmiert. Das Programm wird ab dem 01.09. bei der Stadt eingesetzt. Der Kostenrechner hat für die Programmierarbeiten Arbeitszeitkosten i.H.v. 800 € ermittelt. Ein vergleichbares Programm würde am Markt ca. 1.000 € kosten.

12. Die Stadt hat mit dem Bau einer neuen Gemeindestraße begonnen, die im folgenden Jahr fertiggestellt werden soll. Zum Ende des Jahres wurde ermittelt, dass der Tiefbauingenieur für die Straßenplanung und die Vorbereitung der Ausschreibung rd. 100 Arbeitsstunden aufgewendet hat. Die Kostenrechnung kalkuliert jede Arbeitsstunde des Ingenieurs mit 40 €.

Aufgabe:
Geben Sie die Buchungssätze für diese Geschäftsvorfälle an. Wenn die Abwicklung in mehreren Schritten erforderlich ist, stellen Sie die einzelnen Schritte buchhalterisch dar. Berücksichtigen Sie auch die notwendige statistische Mitführung der Finanzrechnungskonten.

Lösung:

<table>
<tr><td colspan="5">1.</td></tr>
<tr><td colspan="5">a) Lohnabrechnung und Überweisung SV-Anteile am 25.01.:</td></tr>
<tr><td>502 Dienstbezüge tarifl. Besch.</td><td>900.000 €</td><td></td><td></td><td></td></tr>
<tr><td>505 SV-Beiträge (AG-Anteil)</td><td>175.000 €</td><td>an</td><td>181 Bank</td><td>361.000 €</td></tr>
<tr><td></td><td></td><td></td><td>375 Verb.ggü. Beschäft.</td><td>588.000 €</td></tr>
<tr><td></td><td></td><td></td><td>371 Steuerverbindl.</td><td>126.000 €</td></tr>
<tr><td>[Mitführung Finanzrechnung:</td><td></td><td></td><td>702 Dienstbez. tar. B.</td><td>186.000 €]</td></tr>
<tr><td>[Mitführung Finanzrechnung:</td><td></td><td></td><td>705 SV-Beiträge</td><td>175.000 €]</td></tr>
<tr><td colspan="5">b) Auszahlung an die Beschäftigten am 30.01.:</td></tr>
<tr><td>375 Verbindlichkeiten ggü. Besch.</td><td>588.000 €</td><td>an</td><td>181 Bank</td><td>588.000 €</td></tr>
<tr><td>[Mitführung Finanzrechnung:</td><td></td><td></td><td>702 Dienstb. tar. Besch.</td><td>588.000 €]</td></tr>
<tr><td colspan="5">c) Überweisung der Lohnsteuer am 08.02.:</td></tr>
<tr><td>371 Steuerverbindlichkeiten</td><td>126.000 €</td><td>an</td><td>181 Bank</td><td>126.000 €</td></tr>
<tr><td>[Mitführung Finanzrechnung:</td><td></td><td></td><td>702 Dienstb. tar. Besch.</td><td>126.000 €]</td></tr>
<tr><td colspan="5">2.</td></tr>
<tr><td>081 BGA</td><td>4.879 €</td><td>an</td><td>352 Verbindl. LL</td><td>4.879 €</td></tr>
</table>

3.				
352 Verbindl. LL	4.879 €	an	181 Bank	4.781,42 €
			081 BGA	97,58 €
[Mitführung Finanzrechnung:			783 Ausz. Erw. bew. AV	4.781,42 €]
4.				
081 BGA	70 €	an	182 Kasse	70 €
[Mitführung Finanzrechnung:			783 Ausz. Erw. bew. AV	70 €]
5.				
182 Kasse	200 €	an	081 BGA	1 €
			451 Erträge Anlagenabgang	199 €
[682 Einzahlung Veräußerung AV	200 €		Mitführung Finanzrechnung]	
6.				
151 RHB	2.000 €	an	352 Verbindl. LL	2.000 €
7.				
Keine Buchung, da durch die Bestellung noch keine Schuld- oder Vermögensposition entsteht.				
8.				
081 BGA	1.212 €	an	352 Verbindl. LL	1.212 €
9.				
352 Verbindl. LL	1.212 €	an	181 Bank	1.212 €
[Mitführung Finanzrechnung:			783 Ausz. Erw. bew. AV	1.212 €]
10.				
181 Bank	60 €	an	081 BGA	60 €
[783 Ausz. Erw. bew. AV	-60 €		Mitführung Finanzrechnung]	
11.				
Keine Buchung, da Aktivierungsverbot nach § 44 Abs. 1 KomHVO.				
12.				
092 Anlagen im Bau	4.000 €	an	471 Aktiv. Eigenleistung	4.000 €

3. Abschlussbuchungen

3.1 Abschreibungen einschließlich Zuschreibungen

Die Abbildung des Ressourcenverbrauchs von abnutzbaren Vermögensgegenständen des Anlagevermögens erfolgt in der Regel durch bilanzielle Abschreibungen. Diesbezügliche Besonderheiten durch Vereinfachungsregelungen werden in den Abschnitten 3.1.5 bis 3.1.7 dargestellt.

3.1.1 Planmäßige Abschreibungen

Die Aufgaben der planmäßigen Abschreibung[30] sind

- die Darstellung der Wertminderung durch Abnutzung,
- die Verteilung der Anschaffungs- und Herstellungskosten von Investitionen als Aufwand über die Nutzungsdauer und
- die Angabe eines ungefähren Zeitpunkts für die Ersatzinvestitionen.

Die Abschreibungsdeterminanten des abnutzbaren Anlagevermögens ergeben sich aus

- dem bilanziellen Vermögenswert (Anschaffungs- und Herstellungskosten)
- der Abschreibungsmethode (linear, leistungsbezogen, degressiv) und
- der Abschreibungsdauer (voraussichtliche Nutzungsdauer).

3.1.1.1 Anschaffungs- und Herstellungskosten als Abschreibungsbasis

Nach § 36 Abs. 1 KomHVO werden die Anschaffungs- und Herstellungskosten von abnutzbaren Vermögensgegenständen des Anlagevermögens um planmäßige Abschreibungen vermindert. Die Ermittlung der Anschaffungs- und Herstellungskosten ergibt sich aus § 34 Abs. 2 und 3 KomHVO. Danach beinhalten die Anschaffungskosten folgende Wertelemente[31]:

- Anschaffungspreis
- Anschaffungsnebenkosten
    - Erwerbsnebenkosten
    - Bezugsnebenkosten
    - Nebenkosten der Inbetriebnahme
- Anschaffungspreisminderungen
- Nachträgliche Anschaffungskosten

---

[30] Die Abschreibungsermittlung wird in anderen Rechnungsverfahren (Gebührenrecht, Steuerrecht) teilweise anders geregelt als im kommunalen Rechnungswesen.

[31] Die Definitionen der einzelnen Wertelemente der Anschaffungskosten wurden bereits im Kapitel C. 2. dargestellt, um die Buchungen im Bereich des Anlagevermögens vornehmen zu können.

Die Herstellungskosten beinhalten nach § 34 Abs. 3 und 4 KomHVO folgende Wertelemente:

Materialeinzelkosten	Ansatzpflicht
+ Materialgemeinkosten	Ansatzwahlrecht
+ Fertigungseinzelkosten	Ansatzpflicht
+ Fertigungsgemeinkosten	Ansatzwahlrecht
+ Sonderkosten der Fertigung	Ansatzpflicht
+ Werteverzehr des Anlagevermögens, Kosten der Allgemeinen Verwaltung, Aufwendungen für soziale Einrichtungen der Verwaltung	Ansatzwahlrecht
+ Bauzeitzinsen	Ansatzwahlrecht
= **Herstellungskosten**	

- **Abgrenzung von Einzel- und Gemeinkosten**

Für Herstellungseinzelkosten besteht eine Ansatzpflicht und für Herstellungsgemeinkosten ein Ansatzwahlrecht.

Die Herstellungseinzelkosten sind die Kosten, die unmittelbar bei der Herstellung eines Vermögensgegenstandes anfallen und dem Vermögensgegenstand direkt zugerechnet werden können.

Die Herstellungsgemeinkosten sind die Kosten, die gemeinsam für mehrere, auch unterschiedliche Leistungen anfallen und nur auf der Basis einer Gemeinkostenschlüsselung in einem angemessenen Verhältnis auf die einzelnen Leistungen verrechnet werden können. Daher dürfen durch die Schlüsselung mittels Men-gen-, Zeit- oder physikalisch-technischer Größen nur die für die Herstellung des Vermögensgegenstandes notwendigen Gemeinkosten verrechnet bzw. angesetzt werden.

- **Materialeinzelkosten**

Materialeinzelkosten stellen die unmittelbar für die Herstellung des einzelnen Vermögensgegenstandes verbrauchten Materialien (Roh-, Hilfs- und Betriebsstoffe) dar.

- **Materialgemeinkosten**

Materialgemeinkosten fallen in Materialstellen an, die für die Beschaffung, Prüfung und Lagerung von Herstellungsmaterialien zuständig sind. Die dort entstehenden Kosten sind einem einzelnen hergestellten Vermögensgegenstand nicht eindeutig zurechenbar. Zu den Materialgemeinkosten zählen beispielsweise Gehälter der im Einkauf, im Lager und der bei Prüfung beschäftigten Personen, Kosten für ein Lagergebäude und Sachversicherungen.

- **Fertigungseinzelkosten**

Für die Fertigungseinzelkosten ist die direkte Zurechenbarkeit zum hergestellten Vermögensgegenstand maßgeblich. Zu den Fertigungseinzelkosten zählen die Fertigungslöhne oder -gehälter. Des Weiteren zählen auch Sondereinzelkosten der Fertigung hierzu. Zu den Sondereinzelkosten gehören Spezialwerkzeugkosten, Kosten für Sonderanfertigungen, Kosten für Materialanalysen oder anzufertigende Modelle.

- **Fertigungsgemeinkosten**

Fertigungsgemeinkosten entstehen im Rahmen der Fertigung, können aber dem hergestellten Vermögensgegenstand nicht direkt zugerechnet werden. Mittels Gemeinkostenschlüsselung werden diese Kosten verrechnet. Zu den Fertigungsgemeinkosten gehören beispielsweise Energiekosten, Hilfslöhne, Hilfsmaterialien sowie anteilige Abschreibungen und Zinsen, soweit diese dem Vermögensgegenstand nur mittelbar zugerechnet werden können.

- **Werteverzehr des Anlagevermögens, Kosten der Allgemeinen Verwaltung, Aufwendungen für soziale Einrichtungen der Verwaltung**

Unter Wertverzehr des Anlagevermögens ist grundsätzlich der Betrag der bilanziellen Abschreibungen der Anlagevermögensgegenstände zu berücksichtigen, die bei und während der Herstellung eines Vermögensgegenstandes angefallen sind.

> **Beispiel:**
> Ein eigener Radlader wird drei Monate beim Bau eines eigenen Dienstgebäudes eingesetzt. Dementsprechend erfolgt eine monatsanteilige Ermittlung der bilanziellen Abschreibungen für drei Monate (Anschaffungskosten dividiert durch planmäßig vorgesehene Abschreibungsmonate, hier multipliziert mit drei im Rahmen der Herstellung angefallenen Nutzungsmonate).

Hauptsächlich entstehen Kosten der allgemeinen Verwaltung im kommunalen Bereich in den Tätigkeiten des Produktbereichs 01 Innere Verwaltung. Hierzu können beispielsweise gehören: Aufwendungen der Verwaltungsführung, des Personalamtes, des Personalrates, des Haushalts- Rechnungs- und Kassenwesens oder der Rechnungsprüfung.[32]

---

[32] Die erforderliche öffentlich-rechtliche Organisation führt gegenüber Privatunternehmen zu weitaus höheren Kosten der allgemeinen Verwaltung. Eine Anwendung dieser dem Handels- und Steuerrecht entsprechenden Regelung ist, auch aufgrund des nicht spezifizierten Ermittlungsverfahrens mit der ungerechtfertigten Verlagerungsgefahr von Aufwand in die Herstellungskosten, bedenklich,

Zu den Aufwendungen für soziale Einrichtungen der Verwaltung gehören beispielsweise Aufwendungen für die Kantine oder Essenszuschüsse sowie freiwillige, nicht gesetzlich oder tariflich vereinbarte soziale Leistungen wie eine Feier im Rathaus für Beschäftigte mit Dienstjubiläen.

- **Bauzeitzinsen**

§ 34 Abs. 4 KomHVO ermöglicht als zusätzliches Wahlrecht die Aktivierung von Zinsen für Fremdkapital, soweit diese sich auf den Zeitraum der Herstellung des Vermögensgegenstands beziehen. Zinsen für eine dauerhafte Finanzierung des Vermögensgegenstandes stellen in jedem Fall Aufwand dar.

3.1.1.2 Abschreibungsmethoden

Nach § 36 Abs.1 Satz 2 KomHVO ist die Standardmethode die lineare Abschreibung, wobei nach § 36 Abs. 1 Satz 3 KomHVO auch die degressive Abschreibung und Leistungsabschreibung als Sonderformen zulässig sind, wenn diese dem tatsächlichen Ressourcenverbrauch besser entsprechen. Die Ermittlungsmethode dieser Abschreibungsmethoden stellt sich wie folgt dar:

- **Lineare Abschreibung**

Bei der linearen Abschreibung werden die Anschaffungs- oder Herstellungskosten durch voraussichtliche Nutzungsdauer des Vermögensgegenstandes dividiert.

Beispiel:
Eine beschaffte Maschine hat eine Nutzungsdauer von voraussichtlich 5 Jahren. Die Anschaffungskosten betragen 10.000 €. Der jährliche Abschreibungsbetrag ergibt sich nach der linearen Abschreibungsmethode aus

10.000 € : 5 Jahre = 2000 €/jährlich

- **Geometrisch-degressive Abschreibung**

Der jährliche Abschreibungsbetrag ergibt sich aus einem festen Prozentsatz des Restbuchwertes. Die Abschreibungsdauer bei dieser Methode ist unendlich. Es ist daher ein Methodenwechsel zur linearen Abschreibung erforderlich.

Berechnungsformel für den Methodenwechsel der Abschreibungen:

$$\mathbf{W = n - 100/p + 1}$$

W = Jahr des Wechsels **n** = Nutzungsdauer
p = %-Satz der degressiven Abschreibung

Beispiel:
Der Vermögensgegenstand mit Anschaffungskosten von 10.000 € hat eine Nutzungsdauer von fünf Jahren. Der aus Erfahrungswerten hergeleitete Prozentsatz des jährlichen Wertverlustes liegt bei 40 % des jeweiligen Buchwertes.

Buchwert am 01.01.		Abschreibung	Buchwert am 31.12.
1. Jahr	10. 000 €	4.000 € (40 % von 10.000 €)	6.000 €
2. Jahr	6.000 €	2.400 € (40 % von 6.000 €)	3.600 €
3. Jahr	3.600 €	1.440 € (40 % von 3.600 €)	2.160 €
4. Jahr	2.160 €	1.080 € (Wechsel auf lineare Abschreibung)	1.080 €
5. Jahr	1.080 €	1.080 € (lineare Abschreibung)	0 €

(Als Zeitpunkt des Methodenwechsels wird hier das 4. Nutzungsjahr gewählt, da nach dem Vorsichtsprinzip nun die lineare Abschreibung höher als die degressive Abschreibung ist; diese läge bei 864 € (40% von 2.160 €).

Die Berechnung des Wechselzeitpunkts mittels Formel ergibt: W = 5 -2,5 + 1 = 3,5, sodass im vierten Jahr der ideale Wechselzeitpunkt ist. Die lineare Abschreibungsberechnung zum jeweiligen Zeitpunkt für den Wechsel lautet: (Rest)-Buchwert / Restnutzungsdauer.

- **Arithmetisch-degressive (digitale) Abschreibung**

Die Anschaffungs- oder Herstellungskosten werden durch die Summe der einzelnen Restnutzungsjahre des Abschreibungsplans geteilt und für die Ermittlung der Abschreibungshöhe des einzelnen Haushaltjahres mit der zugehörigen Restnutzungsdauer multipliziert.

Beispiel:
Der Vermögensgegenstand mit Anschaffungskosten von 15.000 € hat eine Nutzungsdauer von fünf Jahren.

Ermittlung der Summe der einzelnen Restnutzungsjahre. Bei 5 Jahren ergibt sich als Summe 5+4+3+2+1=15. Die Restnutzungsdauer im Anschaffungsjahr ist fünf Jahre. Somit im ersten Jahr 5/15 (5000 €), im zweiten Abschreibungsjahr 4/15 (4000 €), im dritten Abschreibungsjahr (3000 €), im vierten Abschreibungsjahr (2000 €) und fünften und letzten mit 1/15 (1000 €) der Anschaffungskosten. Am Ende des fünften Abschreibungsjahres beträgt der Restbuchwert somit 0 €.

- **Leistungsabschreibung**

Die Anschaffungs- oder Herstellungskosten werden durch die erzielbaren Leistungseinheiten dividiert. Dieser Wert wird mit der tatsächlichen Abgabe an Leistungseinheiten multipliziert.

Beispiel:
Eine zu 10.000 € angeschaffte Maschine hat nach Herstellerangabe im Rahmen ihrer Nutzungsdauer eine Gesamtleistungsabgabe von 2.000 Maschinenstunden. Je tatsächlicher Abgabe von einer Maschinenstunde sind somit 5 € (10.000 € : 2.000 Stunden = 5 €/Stunde) abzuschreiben.

Im ersten Nutzungsjahr wurden 500 Maschinenstunden, im zweiten Nutzungsjahr 900 Maschinenstunden und im dritten Nutzungsjahr 600 Maschinenstunden tatsächlich abgegeben.

Die Abschreibungen der drei Haushaltsjahre lauten somit:

1. Jahr	2.500 € (500 Stunden x 5 €/Stunde)
2. Jahr	4.500 € (900 Stunden x 5 €/Stunde)
3. Jahr	3.000 € (600 Stunden x 5 €/Stunde)

Der Restbuchwert liegt somit am Ende des 3. Abschreibungsjahres bei 0 €.

Nach dem kaufmännischen Abschreibungsprinzip ermittelt sich die planmäßige bilanzielle Abschreibung monatlich, wobei eine jahresanteilige Abschreibung im Monat der Anschaffung oder Herstellung beginnt. Analog kann im Jahr der Veräußerung für die Abschreibungen nur der Zeitraum in vollen Monaten berücksichtigt werden, der zwischen dem Anfang des Jahres und dem Veräußerungszeitpunkt liegt.

3.1.1.3 Abschreibungsdauer

Für die Festlegung der Nutzungsdauer bei der Erstellung des Abschreibungsplans bildet nach § 36 Abs. 4 Satz 1 KomHVO die „NRW-Abschreibungstabelle"[33] des für Kommunales zuständigen Ministeriums die Grundlage. Innerhalb des dort vorgegeben Rahmens (Bandbreiten von Nutzungsdauern) ist nach § 36 Abs.4 Satz 2 KomHVO unter Berücksichtigung der tatsächlichen örtlichen Verhältnisse die Nutzungsdauer für die Abschreibungsplanung zu wählen. Hierdurch soll die Stetigkeit für zukünftige Festlegungen von Abschreibungsdauern bei den Gemeinden gewährleistet werden. Nach § 36 Abs. 4 Satz 3 KomHVO haben die Gemeinden eine Übersicht ihrer örtlich festgelegten Nutzungsdauern der Vermögensgegenstände (kommunenspezifische Abschreibungstabelle) sowie ihre nachträglichen Änderungen der Aufsichtsbehörde auf Anforderung vorzulegen. Analog des kaufmännischen Rechnungswesens ist nach den Grundsätzen ordnungsmäßiger Buchführung auch eine abweichende Festlegung der Nutzungsdauer zulässig, dies muss jedoch auf der Basis geeigneter Nachweise (z.B. Herstellerangaben) hinreichend begründet sein.

3.1.1.4 Buchungsweise

Planmäßige Abschreibungen werden als Aufwendungen gebucht. Sie gehören zum Aufwandsposten bilanzielle Abschreibungen. Den Gegenbuchungsposten bildet bei der Buchung der in seinem Vermögenswert zu mindernde Anlagevermögensgegenstand.

Anforderung zur Buchung der bilanziellen Abschreibungen ist gem. § 36 Abs. 1 Satz 2 KomHVO eine jahresbezogene Buchung. Diese Buchungsform nehmen insbesondere kleinere Gemeinden wahr. Großstädte buchen dagegen die bilanziellen Abschreibungen monatsbezogen.

Buchungsbeispiel:
Beim Jahresabschluss sind für eine Schule planmäßige Abschreibungen von 60.000 € für das Jahr 2021 zu buchen.
Buchung:
571 Bilanzielle Abschreibungen 60.000 € an 030 Bebaute Grundstücke 60.000 €

[33] Anlage 16 VV Muster zur GO und KomHVO.

3.1.1.5 Komponentenansatz bei Gebäuden und Straßen, Wegen, Plätzen

Nach § 36 Abs. 2 KomHVO dürfen bei Gebäuden für das Bauwerk und für die mit ihm verbundenen Gebäudeteile (Komponenten) Dach und Fenster unterschiedliche Nutzungsdauern bestimmt werden (Komponentenansatz). Darüber hinaus dürfen weitere Komponenten gebildet werden, soweit es sich um mit dem Gebäude verbundene physische Gebäudebestandteile handelt und deren Wert im Einzelnen mindestens 5 Prozent des Neubauwertes beträgt. Bei Straßen, Wegen und Plätzen in bituminöser Bauweise mit Unterbau dürfen für die beiden Komponenten Deckschicht und Unterbau unterschiedliche Nutzungsdauern bestimmt werden.

Die Darstellung des Vermögensgegenstandes in der Bilanz erfolgt weiterhin als Gebäude oder Straße, wobei in der Anlagenbuchhaltung die Komponenten eigenständig mit ihrem spezifischen Wertanteil und einer eigenen planmäßigen Abschreibungsdauer, in der Regel entsprechend dem Erfordernis des nächsten zu planenden Wiederdurchführung dieser Maßnahme, erfasst und abgeschrieben werden. Eine Addition der Restbuchwerte der unterschiedenen Komponenten bildet den Restbuchwert des Vermögensgegenstandes. Es liegt in der Entscheidung der Gemeinden, ob dieses Wahlrecht im eigenen Rechnungswesen genutzt werden soll. Zielsetzung des Komponentenansatzes als Wahlrecht ist es, die bilanzielle Aktivierung von Ersatzteilen bzw. bedeutenden Instandhaltungsaufwendungen als nachträgliche Anschaffungskosten zu ermöglichen.

Beispiel Straße:
Austausch der Deckschicht nach 20 Jahren und der Unterschicht nach 80 Jahren. Folglich ergibt sich für den Wert der Deckschicht eine Abschreibungsdauer von 20 Jahren und für den Wert des Unterbaus von 80 Jahren. Ein Austausch der Deckschicht nach 20 Jahren ist daher als Reinvestition zu behandeln. Würde der Komponentenansatz nicht gewählt, würde es sich dagegen um Instandhaltungsaufwand handeln.

Für alle anderen Vermögensgegenstände ist die Anwendung des Komponentenansatzes ausgeschlossen.

3.1.2 Veränderung der planmäßigen Abschreibungen

§ 36 Abs. 5 KomHVO regelt Maßnahmen zur Erhaltung oder Instandsetzung von Vermögensgegenständen des Anlagevermögens, bei denen von der Möglichkeit des Absatzes 2 (d.h. des Komponentenansatzes) nicht Gebrauch gemacht wird. Hier ergibt sich eine Verpflichtung zur Neubewertung und Neubestimmung der Restnutzungsdauer, wenn durch Erhaltung oder Instandsetzung eines Vermögensgegenstandes des Anlagevermögens oder einer Komponente desselben, die im Sinne des Absatzes 2 als erheblich einzustufen wäre, eine Verlängerung seiner wirtschaftlichen Nutzungsdauer erreicht wird. Entsprechend ist zu verfahren, wenn in Folge einer voraussichtlich dauernden Wertminderung eine Verkürzung eintritt.

§ 36 Abs. 5 KomHVO regelt somit die Veränderungen der planmäßigen Abschreibungen, wobei sowohl Restbuchwert und Restnutzungsdauer die Veränderungskomponenten darstellen.

Für alle Fälle der Veränderung der planmäßigen Abschreibungen gilt bei Anwendung der linearen Abschreibungsmethode folgende Berechnungsformel:

$$\frac{\textbf{Restbuchwert}^{34}}{\textbf{Restnutzungsdauer}}$$

Für die Anwendung des § 36 Abs. 5 KomHVO wird vorausgesetzt, dass nicht von der Möglichkeit des Komponentenansatzes nach § 36 Abs. 2 KomHVO Gebrauch gemacht wurde. Ergibt sich durch Erhaltung oder Instandsetzung eines Vermögensgegenstandes des Anlagevermögens oder einer zulässigen Komponente nach § 36 Abs. 2 KomHVO eine Verlängerung seiner wirtschaftlichen Nutzungsdauer, ist er

- neu zu bewerten und
- die Restnutzungsdauer neu zu bestimmen.

Entsprechend ist zu verfahren, wenn in Folge einer voraussichtlich dauernden Wertminderung eine Verkürzung eintritt.

Verlängert sich nur die Restnutzungsdauer, z. B. aufgrund der genannten Maßnahmen oder verkürzt sich nur die Restnutzungsdauer aufgrund unterlassener Instandhaltung wird der zum Zeitpunkt der Anpassung neu festgestellte Restbuchwert durch die veränderte Restnutzungsdauer dividiert. Hieraus ergeben sich die neuen planmäßigen Abschreibungsbeträge.

Die wirklichkeitsgetreue Bewertung gem. § 36 Abs. 5 KomHVO hat als Voraussetzung eine Erhaltungs- oder Instandhaltungsmaßnahme, die eine Verlängerung der Nutzungsdauer bedingt, woraufhin eine Neubewertung und eine Neufeststellung der Restnutzungsdauer zu erfolgen hat. Dieser kausale Zusammenhang der Maßnahme und der Neubewertung schränkt die Neubewertung auf die Werterhöhung durch die Instandhaltungsmaßnahme und somit maximal auf die Höhe der Erhaltungs- bzw. Instandsetzungsaufwendungen ein. Eine weitergehende komplette Neubewertung in Form einer Zeitwertermittlung ist aufgrund des nach § 33 Abs. 1 Nr. 3 KomHVO weiterhin geltenden Realisationsprinzips unzulässig. Auch besteht so ein ähnlicher Wirkungsansatz wie bei der Anwendung des Komponentenansatzes.

Beispiel
Aufgrund einer umfassenden Instandhaltungsmaßnahme von 200.000 € wird bei der Inventur zum Jahresabschluss bei einer Schule festgestellt, dass die bisherige, beim Jahresabschluss bestehende Restnutzungsdauer sich von 10 Jahre auf 20 Jahre verlängert hat. Der Restbuchwert beim Jahresabschluss beträgt nach bishe-

[34] Der nach einer bestimmten Abschreibungsdauer von den Anschaffungs- oder Herstellungskosten aufgrund erfolgter Abschreibungen verbleibende restliche bilanzielle Buchwert eines Vermögensgegenstandes des Anlagevermögens.

riger Abschreibung 1,2 Mio. €, wobei nunmehr unter vollständiger Einbeziehung des Wertes der Instandhaltungsmaßnahme ein aktueller Restbuchwert von 1,4 Mio. € festgestellt wird. Aufgrund der Verlängerung der Nutzungsdauer durch die Instandhaltungsmaßnahme und der Neubewertung betragen die planmäßigen Abschreibungen zukünftig nunmehr 70.000 €/jährlich anstelle der vorherigen planmäßigen Abschreibung von 120.000 €/jährlich.

Ist bereits in der Haushaltsplanung die Erfüllung der Voraussetzungen bzw. die Anwendung des § 36 V KomHVO vorgesehen, handelt es sich um eine investive Auszahlung, die zu einer Erhöhung des Buchwertes des instandgesetzten Vermögensgegenstandes führt.

Buchung:				
Unmittelbare Buchung als Investitionsmaßnahme				
Buchung:				
030 Bebaute Grundstücke	0,2 Mio. €	an	521 Gebäudeinstandhaltung	0,2 Mio. €

Sollte keine Verlängerung der wirtschaftlichen Nutzungsdauer geplant gewesen sein und stellt sich die Erfüllung der Voraussetzungen und die dann gewollte Anwendung des § 36 V KomHVO erst nach Abschluss der Erhaltungsmaßnahme heraus, muss eine Korrekturbuchung erfolgen, da durch die Einbeziehung von 0,2 Mio. € aus der Instandhaltung in den Vermögenswert durch die Neubewertung, sich die Instandhaltungsaufwendungen entsprechend verringern, da diese aktivierungsfähig sind.

Buchung:				
Korrekturbuchung der Aufwendungen aus Gebäudeinstandhaltung				
Buchung:				
030 Bebaute Grundstücke	0,2 Mio. €	an	521 Gebäudeinstandhaltung	0,2 Mio. €

Sinnvollerweise sollte zudem auch mit Blick auf die Erhöhung des zulässigen Kreditvolumens für Investitionen eine Korrektur der Mitführung der Finanzrechnung aus einer konsumtiven Zahlung zu einer investiven Zahlung erfolgen.

Entstehen wertmäßige Erhöhungen des Anlagevermögensgegenstandes, z. B. durch zusätzliche unselbständige Bauteile, die zum Bestandteil des Anlagevermögensgegenstandes werden und keine Komponente i. S. des § 36 Abs. 2 KomHVO darstellen, so wird der erhöhte Vermögenswert im Rahmen der Jahresabschreibung entsprechend § 36 Abs. 1 KomHVO abgeschrieben. Alternativ bestehen zwei Möglichkeiten der Berücksichtigung bei den bilanziellen Abschreibungen im Jahr der Erhöhung des Vermögenswertes.

Bei Erhöhung des Vermögenswertes im Anschaffungsjahr kann die planmäßige Abschreibung nach dem Jahresabschreibungsprinzip auf der Grundlage des erhöhten Vermögenswertes vom Anschaffungszeitpunkt erfolgen. Unerheblich ist hierbei, wann innerhalb des abzuschließenden Jahres die Anschaffung des Bauteils erfolgte.

Beispiel
Ein medizinisches Gerät des Gesundheitsamtes wurde am 15.04.2021 zum Preis von 7.500 € angeschafft; die planmäßige Nutzungsdauer beträgt 5 Jahre. Am 09.12.20121 fallen nachträgliche Anschaffungskosten in Höhe von 500 € an. Für das Jahr der Anschaffung 2021 ist eine Abschreibung für 9 volle Monate vorzunehmen. Die Jahresabschreibung 2021 ist nunmehr vom Gesamtbetrag in Höhe von 8.000 € zu berechnen und beträgt entsprechend der fünfjährigen Nutzungsdauer anteilig für 9 Monate 1.200 €.

Alternativ kann die Aktivierung des unselbständigen werterhöhenden Bauteils auch im Monat von dessen Anschaffung erfolgen, wobei sich die erhöhten Abschreibungen erst ab diesem Zeitpunkt ergeben.

Sich ergebende Abschreibungsveränderung aus obigem Beispiel
Für das Jahr der Anschaffung 2021 ist eine Abschreibung für 8 volle Monate i.H.v. 1.000 € vorzunehmen, Der Restbuchwert wird für die Abschreibung im Dezember 2021 um 500 € auf 7.000 € erhöht. Dieser wird durch die Restnutzungsdauer von 52 Monaten dividiert, sodass sich für Dezember 2021 eine Abschreibung von rund 134,62 € ergibt. Die Jahresabschreibung 2021 für die fünfjährige Gesamtnutzungsdauer beträgt hier 1.134,62 €.

Ähnlich, gleichfalls mit zwei Alternativen, erfolgt die Erhöhung des Anlagevermögenswertes in späteren Haushaltsjahren. So kann diese so berücksichtigt werden, als wäre das werterhöhende unselbständige Bauteil zum 01.01. des Haushaltsjahres Bestandteil des Vermögenswertes des Anlagevermögensgegenstandes geworden oder monatsbezogen wiederum im Monat der Anschaffung des werterhöhenden unselbständigen Bauteils.

Im nachfolgenden Beispiel wird die Erhöhung des Wertes des Vermögensgegenstandes dem Buchwert des Jahresabschlusses des vorangegangenen Haushaltsjahres hinzugerechnet und bildet als erhöhter Gesamtwert die Wertbasis für die Jahresabschreibung des laufenden Haushaltsjahres.

Beispiel
Ein weiteres medizinisches Gerät des Gesundheitsamtes wurde am 15.03.2021 zum Preis von 7.500 € angeschafft; die Nutzungsdauer beträgt gleichfalls 5 Jahre. Nunmehr ergeben sich erst am 10.03.2022 nachträgliche Anschaffungskosten in Höhe von 750 €. Für das Jahr der Anschaffung 2021 ist eine Abschreibung für 10 volle Monate vorzunehmen. Für 2021 ergeben sich somit 1.250 € (7.500 € x 10 Monate/60 Monate) planmäßige Abschreibung. Nach Buchung der Jahresabschreibung 2021 ergibt sich ein Restbuchwert von 6.250 € (7500 € - 1.250 €) für das medizinische Gerät. Zu diesem Restbuchwert werden die nachträglichen Anschaffungskosten addiert (6.250 € + 750 €), so dass die Wertbasis für die planmäßigen Abschreibungen 2022 insgesamt 7.000 € beträgt. Von der Gesamtnutzungsdauer 5 Jahre sind in 2021 bereits 10 Monate abgeschrieben, so dass zum 01.01.2022 die Restnutzungsdauer 50 Monate beträgt. Die neue jährliche planmäßige Abschreibungshöhe ergibt sich nach der Formel

$$\frac{\text{Restbuchwert hier einschl. Werterhöhung 7.000 €}}{\text{Restnutzungsdauer 50 Monate.}}$$

Monatlich ergibt sich hiernach ein monatlicher Abschreibungsbetrag von 140 €. Die Jahresabschreibung 2022 beträgt somit 1.680 € (12 x 140 €).

Bei Ermittlung der Abschreibungen nach monatsbezogener Veränderung würde zunächst auf der Grundlage des Restbuchwertes 01.01.2022 von 6.250 € eine monatsanteilige Abschreibung für 2 Monate von 250 € erfolgen (6.250 € : 50 Monate). Ab März 2022 würde der um 750 € erhöhte Restbuchwert zum 01.03.2022 von 6.750 € bei einer Restnutzungsdauer von 48 Monate zugrunde gelegt. Somit ergeben sich für die restlichen 10 Monate in 2022 Abschreibungen von 1.406,25 € und somit eine Jahresabschreibung 2022 von insgesamt 1.656,25 €.

3.1.3 Außerplanmäßige Abschreibungen

Neben den planmäßigen Abschreibungen von abnutzbaren Anlagevermögensgegenständen können auch außerplanmäßige Abschreibungen entstehen, die auch bei nicht abnutzbaren Vermögensgegenständen vorgenommen werden können. Es handelt sich hier um spezifische nicht geplante Vermögenswertveränderungen, die in der Regel zu einer einzelfallbezogenen einmaligen Abschreibung führen. Hierbei sieht der § 36 KomHVO unterschiedliche Voraussetzungen für außerplanmäßige Abschreibungen des Anlage- und des Umlaufvermögens vor.

Die Voraussetzung für außerplanmäßige Abschreibungen beim Anlagevermögen ist nach § 36 Abs. 6 KomHVO eine voraussichtlich dauernde Wertminderung (gemildertes Niederstwertprinzip). Für Finanzanlagen besteht hier eine spezielle Regelung, wonach ein ergänzendes Wahlrecht besteht, Finanzanlagen mit dem niedrigeren Wert in der Bilanz (z.B. Kurswert unter Buchwert) anzusetzen, welcher den Finanzanlagen am Bilanzstichtag beizulegen ist. Zur Differenzierung der unterschiedlichen Abschreibungsarten besteht für außerplanmäßige Abschreibungen des Anlagevermögens neben dem Konto für planmäßige Abschreibungen ein eigenständiges Konto. Als Besonderheit ist es bei Wertveränderungen der Finanzanlagen, also neben den außerplanmäßigen Abschreibungen auch für Zuschreibungen, erforderlich die entstehenden Aufwendungen bzw. Erträge kontenmäßig weiter zu differenzieren, da diese nach § 44 Abs. 3 KomHVO nicht unmittelbarer Bestandteil der Ergebnisrechnung werden. Für diese hat losgelöst von der Ergebnisrechnung eine Verrechnung mit der allgemeinen Rücklage zu erfolgen, wobei nach § 39 Abs. 3 KomHVO eine nachrichtliche Darstellung der Aufwendungen bzw. Erträge nach dem Jahresergebnis zu erfolgen hat.

Für das Rechnungswesen ergibt sich dementsprechend folgende Buchung:

Buchungsbeispiel:
Beim Jahresabschluss sind für ein Fahrzeug 3.000 € außerplanmäßige Abschreibung und für eine Finanzanlage in Form einer Beteiligung außerplanmäßige Abschreibungen von 20.000 € für das Jahr 2021 zu buchen.
Buchung:
5751 Außerplanmäßige Abschreibungen 3.000 € an 074 Fahrzeuge 3.000 € 5752 Außerplanmäßige Abschreibungen 20.000 € an 110 Beteiligungen 20.000 € Verrechnungsbuchung: 201 Allgem. Rücklage 20.000 € an 5752 Außerplanmäßige Abschreibungen 20.000 €

Über die Zuordnung des Kontos 5751 erfolgt eine Erfassung der außerplanmäßigen Abschreibung für das Fahrzeug in der Ergebnisrechnung. Die Zuordnung des Kontos 5752 erfolgt über die nachrichtliche Darstellung nach dem Jahresergebnis, wobei buchhalterisch eine Verrechnungsbuchung mit der Allgemeinen Rücklage vorzunehmen ist.

Planmäßige Abschreibungen im Bereich des Umlaufvermögens existieren nicht. Bei Vermögensgegenständen des Umlaufvermögens sind nach § 36 Abs. 8 KomHVO ggf. einzelfallbezogene einmalige Abschreibungen vorzunehmen, um beim Jahresabschluss stets den niedrigsten Wert aus

- Anschaffungs- oder Herstellungskosten
- Börsen- oder Marktpreis und
- dem am Abschlussstichtag beizulegenden Wert[35]

anzusetzen (strenges Niederstwertprinzip). Auch für Abschreibungen des Umlaufvermögens besteht neben den Abschreibungskonten für Anlagevermögen ein eigenständiges Abschreibungskonto für Umlaufvermögen. Die Buchungsweise erfolgt analog zur Buchung der planmäßigen Abschreibungen zur Minderung des jeweiligen Vermögenswertes.

Eine absolute kommunale Besonderheit bilden die außerplanmäßigen Abschreibungen nach § 36 Abs. 7 KomHVO für die Wertminderung von Grund und Boden bei der Anschaffung oder Herstellung von Infrastrukturvermögen. Hier kann eine Verteilung der außerplanmäßigen Abschreibung auf den Zeitraum von Anschaffungs- oder Herstellungsbeginn in linearer Form bis zur Inbetriebnahme des Vermögensgegenstandes erfolgen.

Buchungsbeispiel:
Beim Bau einer Straße ergibt sich für den Grund und Boden bei einer Bauzeit von 3 Jahren eine Wertminderung von 120.000 €. Die Gemeinde G hat geregelt, dass das Wahlrecht nach § 36 Abs. 7 KomHVO nach Möglichkeit zu nutzen ist. Es handelt sich um Infrastrukturvermögen, so dass eine Verteilung der außerplanmäßigen Abschreibung von 120.000 € auf jährlich 40.000 € während der Bauzeit über 3 Jahre erfolgen kann.
Buchung (jeweils jährlich über 3 Jahre): 575(1) Außerplanmäßige Abschreibung 40.000 € an 092 Anlagen im Bau 40.000 €

3.1.4 Zuschreibungen bei Wertaufholungsgebot

Die Zuschreibung stellt nach § 36 Abs. 9 KomHVO im Bereich des Anlagevermögens grundsätzlich eine pflichtige Umkehrung der außerplanmäßigen Abschreibung dar. Sofern die Gründe für eine frühere außerplanmäßige Abschrei-

[35] Sofern für die Bewertung der Beschaffungsmarkt ausschlaggebend ist (z.B. Roh-, Hilfs-, Betriebsstoffe, Waren), entspricht der beizulegende Wert den Wiederbeschaffungs- oder Reproduktionskosten. Auf eine Darstellung bei Maßgeblichkeit des Absatzmarktes (z.B. unfertige oder fertige Erzeugnisse ohne Fremdbezug) hinsichtlich einer retrograden Wertermittlung wird mangels Praxisbezug im kommunalen Bereich verzichtet.

bung entfallen sind, hat eine Wertzuschreibung bis zu den fortgeschriebenen Anschaffungs- und Herstellungskosten des Vermögensgegenstandes aufgrund eines Wertaufholungsgebots zu erfolgen. Hierbei ist das bei abnutzbaren Vermögensgegenständen betraglich zu gering gebuchte Abschreibungsvolumen zuschreibungsmindernd zu berücksichtigen, welches sich zwischen dem Zeitpunkt der außerplanmäßigen Abschreibung und dem Zuschreibungszeitpunkt ergeben hat. Zuschreibungen werden dem Ertragsposten „sonstige ordentliche Erträge" zugeordnet.

Buchungsbeispiel:

Die Anschaffungskosten einer am 02.01.2018 angeschafften Druckmaschine betrugen 100.000 €. Die Abschreibung erfolgte bisher linear mit einer Gesamtnutzungsdauer von 5 Jahren. Infolge einer in 2019 eingetretenen voraussichtlichen dauernden Wertminderung wurde beim Jahresabschluss 2019 festgestellt, dass der zu bilanzierende Wert nunmehr 48.000 € beträgt und wurde entsprechend angepasst. Im Rahmen der Bewirtschaftung 2021 wurde die dauernde Wertminderung beseitigt. Es ist zuerst die erforderliche Zuschreibung 2021 zu buchen, damit die planmäßige Jahresabschreibung 2021 auf der richtigen Wertbasis erfolgen kann.

Berechnung der Abschreibungen und der Zuschreibung

2018 bis 2019:	Die planmäßigen Abschreibungen betragen jährlich jeweils 20.000 €; der Restbuchwert nach Durchführung der planmäßigen Abschreibungen beträgt beim Jahresabschluss 2019: 60.000 €.
2019 zusätzlich:	Außerplanmäßige Abschreibung in Höhe von 12.000 € auf den vorgegebenen Restbuchwert 48.000 €.
2020:	Die planmäßige Abschreibung beträgt jährlich 16.000 € (Restbuchwert 48.000 €: Restnutzungsdauer 3 Jahre). Restbuchwert nach Durchführung der planmäßigen Jahresabschreibungen 2020: 32.000 €
Jahresabschluss 2021:	Ermittlung der Zuschreibungshöhe: Umkehrung der außerplanmäßigen Abschreibung: 12.000 € In 2018 zu gering gebuchte planmäßige Abschreibungen 4.000 € Zuschreibungsbetrag 8.000 € Hinweis: Aufgrund der Zuschreibung von 8.000 € hat sich die Wertbasis für die Ermittlung der planmäßigen Jahresabschreibung 2021 auf 40.000 € bei einer Restnutzungsdauer von 2 Jahren erhöht; es ergibt sich in 2021 und 2022 wieder die ursprüngliche Jahresabschreibung von 20.000 €

Buchung der Zuschreibung in 2021:

071 Maschinen	8.000 €	an	457 Erträge aus Zuschreibungen	8.000 €

3.1.5 Abschreibungsvereinfachungen

Nach § 36 Abs. 3 KomHVO können Vermögensgegenstände des Anlagevermögens, deren Anschaffungs- oder Herstellungskosten wertmäßig den Betrag von 800 Euro ohne Umsatzsteuer nicht übersteigen, die selbstständig genutzt werden können und einer Abnutzung unterliegen, unmittelbar als Aufwand verbucht werden. Für die Mitführung in der Finanzrechnung ist die Auszahlung der laufenden Verwaltungstätigkeit zuzuordnen.

Hierbei kann nach § 30 Abs. 4 KomHVO auch auf die Erfassung als Vermögenswert verzichtet werden, sofern die Hauptverwaltungsbeamtin bzw. der Hauptverwaltungsbeamte eine entsprechende Regelung treffen.

Buchungsbeispiel:		
Die Gemeinde hatte im Juli des Haushaltsjahres ein Notebook mit Anschaffungskosten von 399 € auf Ziel erworben. Die Gemeinde G hat in der Geschäftsanweisung Anlagebuchhaltung festgelegt, dass aus Wirtschaftlichkeitsgründen die Vereinfachungswahlrechte des § 36 Abs. 3 KomHVO zu nutzen sind. Welche Buchung ergibt sich beim Jahresabschluss unter Nutzung des Vereinfachungswahlrechts?		
Buchung:		
529 Sonstige Sachaufwendungen Sofortaufwand 399 €	an	352 Verbindlichkeiten aus Lieferung und Leistungen 399 €

Erläuterungsbedürftig bei den Voraussetzungen für die Anwendung des Wahlrechts ist der Begriff der selbstständigen Nutzbarkeit. Ein Vermögensgegenstand kann selbstständig genutzt werden, wenn er für seine Zweckbestimmung ohne andere Vermögensgegenstände genutzt werden kann. Ein beweglicher Vermögensgegenstand ist dagegen nicht selbstständig nutzbar, wenn er für seine Zweckbestimmung nur zusammen mit anderen Vermögensgegenständen genutzt werden kann und diese hierfür technisch aufeinander abgestimmt sind.

> **Beispiel:**
> Der Rechner, der Drucker, der Bildschirm und die Tastatur einer PC-Anlage sind jeweils für sich gesehen nicht selbstständig nutzbar. Die Nutzungsfähigkeit ergibt sich in ihrer Verbindung als PC-Anlage. Demnach stellen die einzelnen Vermögensgegenstände wegen fehlender selbstständiger Nutzungsfähigkeit - sofern der Gesamtwert 800 € übersteigt - keine geringwertigen Vermögensgegenstände dar.

3.1.6 Keine bilanziellen Abschreibungen bei Festwerten

Nach § 29 Abs. 1 Nr.1 KomHVO kann als Inventur- und Bewertungsvereinfachung für mehrere Vermögensgegenstände ein Festwert gebildet werden. Voraussetzung ist hierbei, dass der Bestand in seiner Größe, Wert und Zusammensetzung der Vermögensgegenstände nur geringen Schwankungen unterliegen darf. Die vollständig abgenutzten Vermögensgegenstände müssen regelmäßig ersetzt werden. Weiterhin muss der Gesamtwert von nachrangiger Bedeutung sein. Eine Festwertbildung ist nur für Vermögensgegenstände des Sachanlagevermögens sowie für Roh-, Hilfs-, Betriebsstoffe und Waren zulässig. Für immaterielle Vermögensgegenstände sowie für Finanzanlagen ist eine Festwertbildung ausgeschlossen.

Bilanzielle Abschreibungen fallen nach einer Festwertbildung nicht an, vielmehr bilden die Anschaffungskosten der regelmäßigen Ersatzbeschaffungen den Ressourcenverbrauch der abnutzbaren Vermögensgegenstände ab und werden als Aufwand für Sach- und Dienstleistungen in der Anschaffungsperiode gebucht.

Aufgrund der Ersatzbeschaffungen wird der Werteverlust durch Abnutzung ausgeglichen, so dass ein unveränderter Wertansatz für die Festwertbestand geführten Vermögensgegenstände über mehrere Haushaltsjahre möglich ist.

Typische Beispiele für eine Festwertbildung sind Werkzeuge, Geräte und Kantinengeschirr. Die Dokumentation zum NKF[36] sieht auch eine von diesen „klassischen" Beispielen erheblich abweichende Festwertbildung für die Grünflächen der Kommunen vor. Die inhaltlichen Voraussetzungen der Festwertbildung sind auch hier zu beachten.

Beispiel:
Der Bestand an Spielgeräten, Bänken, Wegen, Pflanzen, etc. im Park der Gemeinde G ist im Rahmen der stetigen Unterhaltung der Grünanlage grundsätzlich gleichbleibend. Die Voraussetzungen für eine Festwertbildung sind aufgrund unerheblicher Schwankungen - zulässig sind geringe Schwankungen - hinsichtlich des Bestandes, des Werts und der Zusammensetzung der Vermögensgegenstände erfüllt. Alle Vermögensgegenstände des Parks dürfen daher nach § 29 Abs. 1 Nr. 1 KomHVO zu einem Festwert zusammengezogen werden. Weiterhin ist bei diesem Beispiel anzumerken, dass im Rahmen des Grundsatzes der Wirtschaftlichkeit es nicht erforderlich ist, die Bäume, Blumen einzeln zu bewerten und zum Festwert zusammenzuziehen. Die Bewertung der Pflanzen kann pauschal erfolgen.

Liegen die Voraussetzungen für eine Festwertbewertung vor, ist je nach Alter und Abnutzung der Vermögensgegenstände bei der erstmaligen Bildung des Festwertes ein Abschlag in Höhe von 50 %, im Rahmen des Vorsichtsprinzips hinsichtlich eines zu hohen Wertansatzes auch bis zu 60 %, von den ursprünglichen Anschaffungs- oder Herstellungskosten vorzunehmen. Die Höhe ist im Einzelfall zu bestimmen.

Beispiel (Festwertbildung)
Im Gesundheitsamt wird auf Dauer eine gleichbleibende Anzahl gleichartiger Geräte eingesetzt. Zum Zeitpunkt der Festwertbildung sind 45 Geräte vorhanden, die bei einer üblichen Nutzungsdauer von 6 Jahren im Schnitt bereits 3 Jahre alt sind. Die ursprünglichen Anschaffungskosten werden mit 500,- € pro Gerät angesetzt.

---

36 Vgl. Modellprojekt „Doppischer Kommunalhaushalt in NRW (Hrsg.), Neues Kommunales Finanzmanagement: Betriebswirtschaftliche Grundlagen für das doppische Haushaltsrecht, 2. vollst. überarb. Auflage auf der Basis der Endergebnisse des Modellprojektes, Rudolf Haufe Verlag Freiburg 2003, S. 412.

Berechnung des Festwertansatzes		
ursprünglicher Wert	500 € =22.500 €	x 45 Stück
zu reduzierender Wert	22.500 € =11.250 €	x 50 %
anzusetzender Festwert	22.500 € =11.250 €	x 50 %

Die Ersatzbeschaffungen werden als Aufwendungen für Sach- und Dienstleistungen (Konto 528 nach Kontenplan HSPV NRW) gebucht.

Buchungsbeispiel:			
Die Gemeinde G nimmt 7 Ersatzbeschaffungen zu jeweils 600 € bei Zahlung auf Ziel vor.			
Buchung:			
528 Aufwendungen für Festwerte 4.200 €	an	352	Verbindlichkeiten aus Lieferung und Leistungen 4.200 €

Hinweis: Beim Ausgleich dieser Verbindlichkeiten aus Lieferung und Leistung ist unter Anlehnung an den § 36 Abs. 3 KomHVO der Grundsatz einer einheitlichen Bewertungsmethode für Einzel- und Festbewertung zu berücksichtigen, sodass bei Vermögensgegenständen mit einem Einzelwert von mehr als 800 € die Mitführung in der Finanzrechnung als investive Auszahlung erfolgen muss. Bei einem Einzelwert bis 800 € ist eine sonstige Auszahlung für Sach- und Dienstleistungen mitzuführen. Hierbei ist es sinnvoll, dass die Wertgrenzen aus den gemeindlichen Festlegungen der Verfahrensweise beim Erwerb von Geringwertigen Vermögensgegenständen außerhalb von Festwerten analog angewandt werden.

Erhöht sich der Festwert offensichtlich um mehr als 10 %, so ist innerhalb des Zeitraums einer fünfjährigen körperlichen Inventurpflicht eine Wertanpassung des Festwertes erforderlich. Übersteigt der ermittelte Wert den bisherigen Festwert dagegen um nicht mehr als 10 %, so kann beim Anlagevermögen[37] der bisherige Festwert beibehalten werden. Wird ein niedrigerer Festwert ermittelt, so kann der ermittelte Wert als neuer Festwert angesetzt werden.[38] Ist für die Zukunft dauerhaft von einem niedrigeren Festwert auszugehen, verwandelt sich das Wahlrecht eines neuen Festwertansatzes in eine Ansatzpflicht.

Für eine ggf. erforderliche Veränderungsbuchung ist die Änderung des Festwertes zu berechnen. Hierbei erfolgt eine Neuermittlung des Festwertes anhand des aktuellen Bestandes, wobei alle im Festwert geführten Vermögensgegenstände

---

[37] Dies ist anders beim Umlaufvermögen: Aufgrund des strengen Niederstwertprinzips hat im Rahmen der jährlichen Inventur eine kontinuierliche Wertanpassung zu erfolgen.

[38] Bei diesen Anpassungsregelungen handelt es sich um einen allgemein angewandten kaufmännischen Grundsatz, der im Einkommenssteuerrecht festgelegt ist (vgl. hierzu auch die aktuellen Einkommenssteuerrichtlinien zu § 5 EStG, R. 5.4 Abs. 3, Stand 2021).

mit ihren Anschaffungskosten, vermindert um den 50-prozentigen Abschlag, aufaddiert werden. Die Differenz zwischen bisherigen Festwert und neuermittelten Festwert stellt die nominelle Abweichung dar. Diese wird prozentual ins Verhältnis zum bisherigen Festwert gesetzt, es ergibt sich so die nominelle Veränderung.

Beispiel (Festwertfortschreibung)
1 Jahr vor Ablauf der fünfjährigen Inventurpflicht wird aufgrund eines Gesetzes der Aufgabenbereich erweitert, so dass neben der üblichen Ersatzbeschaffung von 9 Geräten, zusätzlich 5 neue Geräte zu je 600 € beschafft werden. Das durchschnittliche Alter der Geräte innerhalb des Festwertes ist unverändert drei Jahre.

Berechnung der Festwertansatzänderung					
bisheriger Festwert				11.250 €	
anzusetzender Wert	500 €	x 36 Stück	x 50 %	9.000 €	
	+ 600 €	x 14 Stück	x 50 %	4.200 €	
				= 13.200 €	
Abweichung nominell				(13.200 – 11.250) 1.950 €	
Abweichung prozentual (gerundet)					17,33 %

Buchungsbeispiel zu obiger Ermittlung:			
Aufgrund der festgestellten Abweichung von mehr als 10% ist eine Anhebung des Festwertes um 1.950 € bereits ein Jahr vor Ablauf der dreijährigen Inventurpflicht zu buchen. Aufgrund der Erhöhung des Vermögenswertes beim Festwert hat parallel hierzu eine Korrektur der zu hoch dargestellten Aufwendungen im Rahmen der Ersatzbeschaffung zu erfolgen.			
Buchung:			
081 Betriebs- und Geschäftsausstattung (Festwert) 1.950 €	an	528	Aufwendungen für Festwerte 1.950 €

Abwandlung des Buchungsbeispiels (Erhöhung des Festwertes im Vorjahr):		
Resultiert die jetzt festgestellte Abweichung von mehr als 10% aus einer unbemerkten zusätzlichen Beschaffung im Vorjahr, ist gleichfalls eine Anhebung des Festwertes um 1.950 € vorzunehmen. Eine Korrektur der im Vorjahr zu hoch dargestellten Aufwendungen ist aufgrund des bestehenden bzw. erfolgten Jahresabschlusses für das Vorjahr nicht möglich. im Rahmen der Ersatzbeschaffung zu erfolgen. Anstelle dessen sind Erträge aus Zuschreibungen zu buchen.		
Buchung:		
081 Betriebs- u. Geschäftsausstattung (Festwert) 1.950 €	an	457 Erträge aus Zuschreibungen 1.950 €

Abwandlung des Buchungsbeispiels (Minderung des Festwertes):		
Bei den im Festwert geführten medizinischen Geräten hat sich anstelle der Festwerterhöhung in dieser Abwandlung nun eine dauerhafte Minderung (z. B. aufgrund von Aufgabenreduzierung) des Festwertes in Höhe von 2.000 € ergeben. Inhaltlich handelt es sich um eine Korrektur des Vermögenswertes Festwertansatz. Dementsprechend erfolgt eine einmalige außerplanmäßige Abschreibung des Festwertansatzes auf den richtigen Bilanzwert.		
Buchung:		
575 Außerplanmäßige Abschreibung (Festwert) 2.000 €	an	081 Betriebs- und Geschäftsausstattung (Festwert) 2.000 €

3.1.7 Abschreibungen vom Gruppenwert

Die Gruppenbewertung nach § 29 Abs. 1 Nr. 3 KomHVO ist ein Verfahren der Pauschalbewertung. Sie hat mit einem gewogenen Durchschnittswert zu erfolgen. Voraussetzung für eine Gruppenbewertung ist, dass es sich um gleichartige Vermögensgegenstände des Vorratsvermögens oder andere gleichartige oder annähernd gleichwertige bewegliche Vermögensgegenstände handelt. Diese dürfen zu einer Gruppe zusammengefasst und mit einem gewogenen Durchschnittswert angesetzt werden. Die Vorgehensweise der Bewertung mit einem gewogenen Durchschnittswert wird durch folgendes Berechnungsschema deutlich:

Vermögensgegenstand 1	Anzahl x	Einzelwert =	Gesamtwert der Art Vermögensgegenstand 1
Vermögensgegenstand 2	Anzahl x	Einzelwert =	+ Gesamtwert der Art Vermögensgegenstand 2
Vermögensgegenstand 3	Anzahl x	Einzelwert =	+ Gesamtwert der Art Vermögensgegenstand 3
			= Gesamtwert der Vermögensgegenstände 1-3
: Gesamtanzahl der Vermögensgegenstände 1-3			= Gewogener Einzelwert der Vermögensgegenstände 1-3

Die bilanziellen Abschreibungen erfolgen hier nicht anhand von Einzelwerten, vielmehr ist der gebildete Gruppenwert die Grundlage für die bilanziellen Abschreibungen.

3.1.8 Übung

Aufgabe:

Nehmen Sie auf Grundlage des Sachverhaltes sämtliche in 2021 erforderlichen Buchungen einschl. der Jahresabschreibungsbuchung 2021 vor!

Buchungssachverhalte	
1	Die Auslieferung eines bestellten feuerwehrtechnischen Gerätes für 1.200 € durch ein Fremdunternehmen sowie dessen Nutzung (Nutzungsdauer 5 Jahre) erfolgt am 15.12.2021, wobei die Rechnung erst in 2022 eingehen wird.
2	Neben dem bereits bezahlten Kaufpreis eines unbebauten Grundstücks erhält die Gemeinde eine innerhalb von 14 Tagen zu begleichende Rechnung i. H. v. 2.000 € des beauftragten Notars.
3	Beim Jahresabschluss 2020 wurden für eine Schule bilanzielle lineare Jahresabschreibungen von 50.000 € gebucht. Am Bilanzstichtag 2020 betrug die Restnutzungsdauer 12 Jahre und der Restbuchwert 600.000 €. Beim Jahresabschluss 2021 ist für die bilanziellen Abschreibungen aufgrund einer Instandhaltungsmaßnahme eine Restnutzungsdauer von 20 Jahren zugrunde zu legen; eine Werterhöhung hat sich nicht ergeben.
4	Beim Jahresabschluss 2020 erfolgte die Ermittlung der bilanziellen Abschreibungen für ein Dienstfahrzeug auf der Grundlage eines Restbuchwertes von 20.000 € und einer Restnutzungsdauer von 6 Jahren. Beim Jahresabschluss 2021 wird im Rahmen der Ermittlung der bilanziellen Jahresabschreibungen festgestellt, dass sich durch den Einbau eines unselbständiges Fahrzeugteils in 2021 der Fahrzeugwert auf 25.000 € erhöht.
5	Beim Jahresabschluss 2020 betrug für eine Maschine der Restbuchwert 24.000 € und die Restnutzungsdauer 2 Jahre. Beim Jahresabschluss 2021 wird festgestellt, dass die Maschine im November 2021 unbrauchbar geworden ist und kosten- und erlösfrei verschrottet wurde.
6	Aufgrund einer festgestellten Grundstückskontamination wurde der Wert eines unbebauten Grundstücks beim Jahresabschluss 2019 von 100.000 € auf 10.000 € außerplanmäßig abgeschrieben. Beim Jahresabschluss 2021 wird festgestellt, dass die Kontamination durch Sanierungsmaßnahmen in 2021 vollständig beseitigt wurde.
7	Die Gemeinde G nutzt lt. Geschäftsanweisung die Bewertungsvereinfachungen nach § 36 Abs.3 KomHVO. Sie erwirbt im Oktober 2021 auf Ziel einen Aktenvernichter für 450 € einschließlich Umsatzsteuer.
8	Die Gemeinde G erwirbt auf Ziel vier Laubbläser zu jeweils 500 € als Ersatzbeschaffungen für die in einem Festwert geführten gärtnerischen Geräte.

Lösung:

Buchungen			
1	071 Technische Anlagen 1.200 € 571 Abschreibung auf Sachanlagen 20 €	an an	352 Verbindlichkeiten aus Lieferung und Leistung 1.200 € 071 Technische Anlagen 20 €
2	020 Unbebaute Grundstücke 2000 €	an	352 Verbindlichkeiten aus Lieferung und Leistung 2.000 €
3	Hinweis: Der Restbuchwert von 600.000 € ist nunmehr anhand der veränderten Nutzungsdauer von 20 Jahren linear aufzuteilen. 571 Abschreibungen auf Sachanlagen 30.000 €	an	030 Bebaute Grundstücke 30.000 €
4	571 Abschreibungen auf Sachanlagen 5.000 €	an	074 Fahrzeuge 5.000 €
5	Hinweis: In 2021 sind für 10 Monate planmäßige Abschreibungen angefallen, bis die Maschine unbrauchbar geworden ist. Aufgrund der angegebenen Restnutzungsdauer und des Restbuchwertes ergeben sich monatlich 1000 € bilanzielle Abschreibungen, wobei der Restbuchwert von 14.000 € außerplanmäßig abzuschreiben ist 571 Abschreibung auf Sachanlagen 10.000 € 575 Außerplanmäßige Abschreibungen 14.000 €	an	071 Maschinen 24.000 €
6	020 Unbebaute Grundstücke 90.000 €	an	457 Erträge aus Zuschreibungen 90.000 €
7	529 Sonstige Sachaufwendungen Sofortaufwand 450 €	an	352 Verbindlichkeiten aus Lieferung und Leistung 450 €
8	529 Sonstige Sachaufwendungen Sofortaufwand 2.000 €	an	352 Verbindlichkeiten aus Lieferung und Leistungen 2.000 €

3.2 Rückstellungen

3.2.1 Begriff und Voraussetzungen der Rückstellungsbildung

Begrifflich werden zwei Formen von Rückstellungen unterschieden. Die Rückstellungen für ungewisse Verbindlichkeiten gehören hierbei als Verpflichtungen gegenüber Dritten bilanziell zu den Fremdkapitalposten. § 37 KomHVO sieht hierfür folgende Bilanzposten vor:

- Pensionsrückstellungen
- Rückstellungen für Deponien und Altlasten
- Sonstige Rückstellungen nach § 37 Abs. 5 und 6 KomHVO

Eine eigenständige Rückstellungsform bildet die in § 37 Abs. 4 KomHVO bezeichnete Rückstellung für bestimmte Aufwendungen aus unterlassener Instandhaltung. Die Besonderheit dieser Rückstellungsform liegt darin, dass es sich um eine

Verpflichtungen gegenüber sich selbst und nicht gegenüber Dritten handelt. Einziger Bilanzposten für diese Rückstellungsform und somit vierter Rückstellungsposten in der Bilanz sind die Instandhaltungsrückstellungen.

Gemeinsam für alle gilt, dass diese Verpflichtungen gegen Dritte oder sich selbst dem Grunde oder Höhe nach ungewiss sind. Ungewiss der Höhe nach bedeutet, dass der aus der Verpflichtung sich ergebende Betrag noch nicht exakt feststeht. Dem Grunde nach ungewiss bedeutet, dass der Fälligkeits- bzw. der Entstehungszeitpunkt noch nicht feststeht, wobei allerdings die Wahrscheinlichkeit einer Inanspruchnahme bestehen muss. Das Vorliegen einer dieser Voraussetzungen ist ausreichend.

Weiterhin hat eine Rückstellungsbildung als Instrument der Periodenabgrenzung den Zweck, den Ressourcenverbrauch als Aufwand periodengerecht abzubilden. Im Rahmen der Inanspruchnahme der Rückstellung soll idealtypisch in einer späteren Periode im Rahmen der Ausgabe bzw. Auszahlung keinerlei Aufwand entstehen. Demnach erfolgt die Buchung für die Bildung von Rückstellungen grundsätzlich stets nach folgendem einheitlichem Buchungsschema:

Aufwandskonto (Unterscheidung nach Aufwandsarten)	an	Rückstellungskonto (Unterscheidung nach Rückstellungsarten)

Es gibt keine spezielle Aufwandsart für Rückstellungsbildungen. Die Aufwandsarten ergeben sich immer aus der dem Geschäftsvorfall zugrunde liegenden originären Aufwandsart (z.B. Personalaufwendungen bei Pensionsrückstellungen für aktive Beschäftigte, Aufwendungen für Sach- und Dienstleistungen bei Rückstellungen für unterlassene Instandhaltung)

Zur Verdeutlichung der begrifflichen Abgrenzung zwischen Schulden und den unterschiedlichen Rückstellungsformen werden in der nachfolgenden Darstellung die zugehörigen inhaltlichen Komponenten dargestellt, wobei die Verbindlichkeitsrückstellungen quasi als begriffliche Schnittmenge sowohl den Schulden als auch den Rückstellungen zu zuordnen sind.

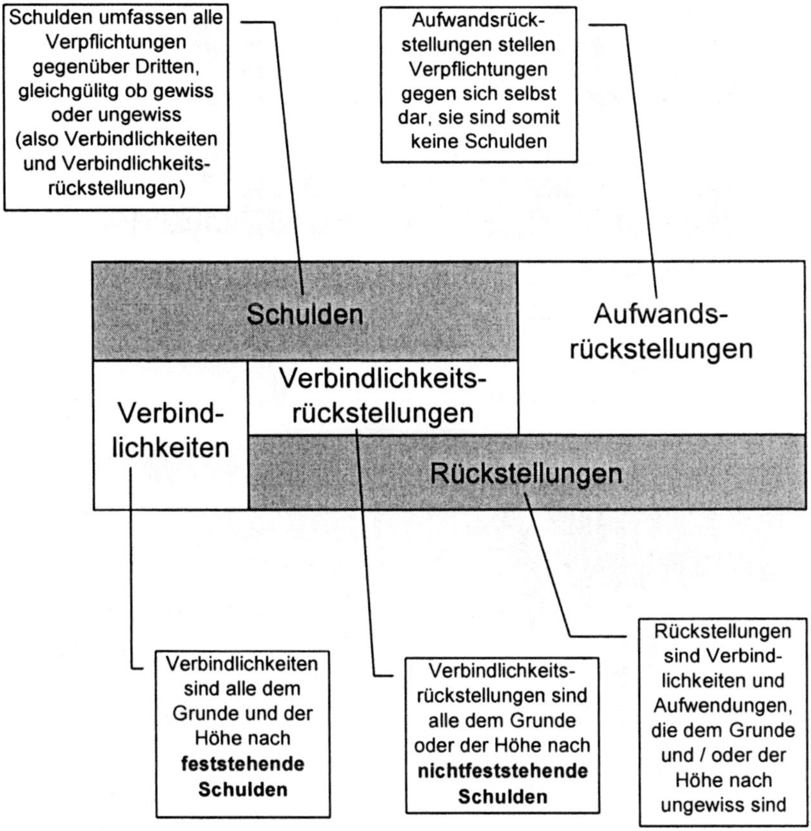

3.2.2 Inhalte und Buchung der einzelnen Rückstellungsarten

3.2.2.1 Pensionsrückstellungen

Alle Pensionsverpflichtungen nach den beamtenrechtlichen Bestimmungen sind nach § 37 Abs. 1 KomHVO mit ihrem im Teilwertverfahren zu ermittelnden Barwert als Rückstellung anzusetzen. Dies bedeutet, dass alle entstandenen Verpflichtungen gegenüber aktiv Beschäftigten, allen Pensionären und allen Hinterbliebenen in der Bilanz darzustellen sind. Dazu gehören auch andere fortgeltende Ansprüche von Personen nach dem Ausscheiden aus dem aktiven Dienst (insbesondere Beihilfeleistungen).

Die Bewertung der Ansprüche jedes einzelnen Beschäftigten bzw. ehemaligen Beschäftigten erfolgt jedes Jahr mittels eines versicherungsmathematischen Gutachtens. Die Ermittlung kann durch ein Gutachten eines Versicherungsmathematikers, einer Versorgungskasse oder eigenständig anhand einer zertifizierten Software erfolgen.

Für eine sachgerechte Buchung der richtigen Aufwandsart ist es erforderlich für den Posten Pensionsrückstellungen auf zwei unterschiedliche passive Bestandskonten zu buchen. Das erste Konto dient zur Ansammlung der Pensionsrückstellungen für aktive Beschäftigte, wobei im Rahmen der Erhöhung des Rückstellungsvolumens beispielsweise aufgrund eines Gutachtens Personalaufwendungen als Aufwandsart zu buchen sind.

Buchungsbeispiel:		
Der Bestand der Pensionsrückstellungen für aktive Beschäftigte beträgt in der Vorjahresbilanz 95 Mio. €. Für den aktuellen Jahresabschluss hat der versicherungsmathematische Gutachter einen erforderlichen Bestand von 99 Mio. € ermittelt.		
Buchung:		
507 Zuführung zu Pensionsrückstellungen für Beschäftigte 4 Mio. €	an	251 Pensionsrückstellungen für aktive Beschäftigte 4 Mio. €

Das zweite Konto dient der Bestandsdarstellung der Pensionsrückstellungen für Versorgungsempfänger. Hierdurch soll die Entstehung von Versorgungsaufwendungen vermieden werden, die im Rahmen der Versorgungsauszahlungen entstehen würden. Dennoch entstehen auch hier Aufwendungen, da der bilanzielle Bestand nicht auf das vollständige Zahlungsvolumen der Versorgungsleistungen abstellt, sondern gem. 37 Abs. 1 KomHVO einen mit Zinsfuß von 5 % abgezinsten Bestand als Barwert[39] ausweist. Aufgrund der jährlichen Annährung an den Zahlungszeitpunkt entfällt eine Abzinsungsperiode, so dass durch diese Methodik jeweils jährlich ein höherer Rückstellungsbestand ergibt. Die zugehörige Aufwandsart zur Erhöhung dieses Rückstellungsanteils sind die Versorgungsaufwendungen.

Buchungsbeispiel:		
Der Bestand der Pensionsrückstellungen für Versorgungsempfänger beträgt in der Vorjahresbilanz 83 Mio. €. Für den aktuellen Jahresabschluss hat der versicherungsmathematische Gutachten einen erforderlichen Bestand von 88 Mio. € ermittelt.		
Buchung:		
514 Zuführung zu Pensionsrückstellungen für Versorgungsempfänger 5 Mio. €	an	252 Pensionsrückstellungen für Versorgungsempfänger 5 Mio. €

Erreicht innerhalb des abzuschließenden Haushaltsjahres ein aktiver Beschäftigter das Versorgungsalter und wird zum Versorgungsempfänger, muss zur sachgerechten Aufwandsdarstellung seine als aktiver Beschäftigter angesammelte Pensionsrückstellung für aktive Beschäftigte umgebucht werden auf das Konto Pensionsrückstellungen für Versorgungsempfänger.

---

39 Der Barwert stellt den Gegenwartswert einer zukünftigen Zahlung dar. Der Wert einer zukünftigen Zahlung ist gegenwärtig niedriger, da bis zur Zahlungsfälligkeit mit dem Kapitalbetrag Zinserträge erzielt werden können. In Anbetracht der aktuell längerfristig andauernden Niedrigzinsphase ist der Aussagewert des Bilanzpostens Pensionsrückstellungen hinsichtlich seiner zu geringen betraglichen Höhe aufgrund der erheblichen Abzinsung mit dem statischen Zinssatz 5% kritisch zu sehen und bedarf zusätzlicher Erläuterungen hinsichtlich der haushaltswirtschaftlichen Fortschreibungssystematik.

Buchungsbeispiel:		
Im abzuschließenden Haushaltsjahr sind 5 aktive Beschäftigte zu Versorgungsempfängern geworden. Für diese besteht ein Rückstellungsvolumen von 1 Mio. €.		
Buchung:		
251 Pensionsrückstellungen für aktive Beschäftigte 1 Mio. €	an	252 Pensionsrückstellungen für Versorgungsempfänger 1 Mio. €

Nach § 37 Abs. 2 KomHVO können auf Grund einer allgemeinen Besoldungsanpassung erforderliche Zuführungen zu den Pensionsrückstellungen ratierlich über die drei auf das Jahr der Anpassung folgenden Haushaltsjahre in der Ergebnisplanung beziehungsweise der Ergebnisrechnung verteilt werden.[40] Buchungstechnisch kann die Verteilung der Aufwendungen nur über einen aktiven Rechnungsabgrenzungsposten erfolgen. Aufgrund der Einräumung der Verteilung als Wahlrecht kann auch eine vollständige Erfassung der Aufwendungen in einer Buchungsperiode erfolgen.

Buchungsbeispiel:		
Besoldungserhöhungen des laufenden Jahres erfordern eine Zuführung zu den Pensionsrückstellungen für Versorgungsempfänger in Höhe von 21 Mio. €. Aufgrund der schlechten Haushaltslage nimmt die Gemeinde dauerhaft das Wahlrecht des § 37 Abs. 2 KomHVO in Anspruch.		
Einbuchung:		
193 Sonstige aktive RAP 21 Mio. €	an	252 Pensionsrückstellungen für Versorgungsempfänger 21 Mio. €
Jeweilige Verteilungsbuchung in den drei Folgejahren:		
514 Zuführung Pensionsrückstellungen für Versorgungsempfänger 7 Mio. €	an	193 Sonstige aktive RAP 7 Mio. €

3.2.2.2 Rückstellungen für die Rekultivierung und Nachsorge von Deponien

Für die Rekultivierung und Nachsorge kommunaler Deponien sowie für die Sanierung von Altlasten sind nach § 37 Abs. 3 KomHVO als Rückstellung die zu erwartenden Gesamtkosten bezogen auf den voraussichtlichen Zeitpunkt der Rekultivierungs- und Nachsorgemaßnahmen zu ermitteln.

Das Rückstellungsvolumen für kommunale Deponien orientiert sich in der Regel am Verfüllmengenanteil pro Nutzungsjahr im Verhältnis zur Gesamtverfüllmenge.

---

[40] Die Einräumung dieses gewillkürten Wahlrechts im Rahmen der Periodenabgrenzung widerspricht nach Meinung der Autoren den Grundgedanken des Ressourcenverbrauchskonzepts.

3.2.2.3 Instandhaltungsrückstellungen

In § 37 Abs. 4 KomHVO werden die Rückstellungen für unterlassene Instandhaltung bei Sachanlagen als einzige Art der Aufwandsrückstellungen zugelassen, da diese den gebräuchlichsten Fall der Aufwandsrückstellungen darstellen und in diesen Rückstellungen auch eine hohes Ansatzpotenzial für den Bilanzausweis steckt. Unterlassene Instandhaltung sind nach § 37 Abs. 4 KomHVO pflichtig als Rückstellungen auszuweisen, wenn die Nachholung der Instandhaltung

- hinreichend konkret beabsichtigt ist und
- die Instandhaltung als bisher unterlassen bewertet werden muss.

Sofern eine Aufwandsrückstellung aufgrund unterlassener Instandhaltung nicht gebildet wird, hat die Gemeinde zu prüfen, ob und in welcher Höhe ggf. eine außerplanmäßige Abschreibung beim Vermögensgegenstand zu erfolgen hat.

Als Buchungsfälle für Rückstellungen aufgrund unterlassener Instandhaltung sind im Rahmen der hierunter zu subsumierenden Teilbegriffe Instandsetzung, Wartung und Inspektion zu verstehen:

- „Zur Instandsetzung gehören alle Maßnahmen der Verschleißbeseitigung mit dem Ziel, den ursprünglichen Zustand der Anlage wiederherzustellen.
- Der Wartung dienen alle Maßnahmen der (vorbeugenden) Verschleißhemmung.
- Inspektionen dienen der regelmäßigen Feststellung des Grades der Leistungsfähigkeit bzw. des eingetretenen technischen Verschleißes von Anlagen.“[41]

Mit der Verpflichtung zur Bildung von Rückstellungen für unterlassene Instandhaltung wird, wie bei anderen Rückstellungen auch, der Aufwand in dem Haushaltsjahr erfasst, in dem er wirtschaftlich entstanden oder verursacht wurde, auch wenn die vorgesehene Maßnahme in ein späteres Haushaltsjahr verschoben wird.

Es bestehen vier Voraussetzungen, nach denen Instandhaltungsrückstellungen in der kommunalen Bilanz gebildet werden dürfen. Dies sind Aufwendungen

- die ihrer Eigenart nach genau umschrieben sind,
- dem Geschäftsjahr oder einem früheren Geschäftsjahr zuzurechnen sind,
- deren Eintreten am Abschlussstichtag wahrscheinlich oder sicher ist und
- deren Höhe und Zeitpunkt ihres Eintritts jedoch noch unbestimmt sind.

Die genaue Umschreibung der Eigenart ist im § 37 Abs. 4 Satz 2 KomHVO gesetzlich fixiert. Hiernach müssen die vorgesehenen Maßnahmen für die eine Rückstellung gebildet wird, am Abschlussstichtag einzeln bestimmt und wertmäßig beziffert sein. Dies entspricht dem Prinzip der Einzelbewertung, wobei der Aufwand der Maßnahme sachgerecht zu schätzen ist.

---

[41] Vgl. Adler/Düring/Schmaltz, Rechnungslegung und Prüfung der Unternehmen, 6. Auflage Stuttgart 1998, Rz. 168 zu § 249, S. 460.

Die Instandhaltung muss nach § 37 Abs. 4 Satz 1 KomHVO als bisher unterlassen bewertet werden. Dies bedeutet, dass der Aufwand, der zur Rückstellungsbildung führt, im laufenden Haushaltsjahr oder einem früheren Haushaltsjahr entstanden sein muss.

Die Durchführung der vorgesehenen Maßnahme, welche bei Nichtbildung einer Instandhaltungsrückstellung ansonsten zu Aufwendungen in späteren Haushaltsjahren führen würde, muss wahrscheinlich oder sicher sein. Wahrscheinlich bedeutet, dass eher von einer Durchführung der Maßnahme als von einer Nichtdurchführung auszugehen ist. Ein sicherer Maßstab für die wahrscheinliche Nachholung ist die Veranschlagung der Maßnahme in der mittelfristigen Planung.

Die Unbestimmtheit von Höhe und Zeitpunkt des Eintritts bzw. der Realisation einer Maßnahme ist ein allgemeines Kriterium bei der Rückstellungsbildung.

3.2.2.4 Sonstige Rückstellungen nach § 37 Abs. 5 und 6 KomHVO

Aus dem Prinzip der Periodenabgrenzung für die einzelnen Haushaltsjahre bilden die zu den sonstigen Rückstellungen zählenden Rückstellungen für ungewisse Verbindlichkeiten für den Aufwandsbereich überwiegend eine eher übliche Abgrenzungsmethode aus der Bewirtschaftung heraus. Beispielsweise wurde durch die Gemeinde ein Auftrag zur Erbringung einer Leistung im laufenden Haushaltsjahr erteilt, die Leistung wurde im laufenden Haushaltsjahr erbracht. Bei Abschluss des laufenden Haushaltsjahres fehlt jedoch noch die Rechnung zur Bestimmung der genauen Höhe einer Verbindlichkeit.

Dieser Sachverhalt wird durch den § 37 Abs. 5 S. 1 KomHVO geregelt. Danach müssen für Verpflichtungen, die dem Grunde oder der Höhe nach zum Abschlussstichtag noch nicht genau bekannt sind, Rückstellungen passiviert werden. Somit besteht für die kommunale Bilanzierung grundsätzlich eine Ansatzverpflichtung für ungewisse Verbindlichkeiten, wobei geringfügige zu leistende Beträge (Wertgrenzenfestlegung durch jede Kommune) nicht angesetzt werden müssen.

Ferner können Rückstellungen gebildet werden für unbestimmte Aufwendungen in künftigen Haushaltsjahren für die erhöhte Heranziehung zu Umlagen nach

- § 56 Kreisordnung NRW,
- § 22 Landschaftsverbandsordnung NRW,
- § 2 Städteregion Aachen Gesetz und
- § 19 des Gesetzes über den Regionalverband Ruhr

aufgrund von ungewöhnlich hohen Steuereinzahlungen des Haushaltsjahres, die in die Berechnungen der Umlagegrundlage nach dem jeweils geltenden Gesetz zur Regelung der Zuweisungen des Landes Nordrhein-Westfalen an die Gemeinden und Gemeindeverbände einbezogen werden. Hohe Steuereinzahlungen eines Haushaltsjahres führen in späteren Haushaltsjahren zu per Gesetz bestehenden Zahlungsverpflichtungen. Diesem sich nicht entziehbaren Umstand für eine Gemeinde soll durch diese Rückstellungsform im Jahr der Erzielung hoher

Einnahmen Rechnung getragen und damit die Schwankungen in den Jahresergebnissen geglättet werden.

Buchungsbeispiel			
Aufgrund hoher Gewerbesteuereinzahlungen im laufenden Haushaltsjahr wird die kreisangehörige Gemeinde G in späteren Haushaltsjahren eine um 0,5 Mio. € erhöhte Kreisumlage leisten müssen.			
Einbuchung:			
538 Allgemeine Umlage Gemeindeverbände 0,5 Mio. € Mio. €	an	284	Rückstellung erhöhte Heranziehung Umlagen 0,5
Auflösung in späteren Jahren:			
284 Rückstellung erhöhte Heranziehung Umlagen 0,5 Mio. €	an	458	Erträge aus der Auflösung von Rückstellungen 0,5 Mio. €

- **Rückstellung für drohende Verluste aus schwebenden Geschäften**

Ein weiterer Sachverhalt für sonstige Rückstellungen bilden nach § 37 Abs. 6 KomHVO drohende Verluste aus schwebenden Geschäften. Schwebende Geschäfte stellen zwar eine zweiseitige vertragliche Verpflichtung dar, es mangelt jedoch an der Erfüllung der vertraglichen Verpflichtung. Der Grund für die Noch-Nichterfüllung ist für die Rückstellungsverpflichtung gleichgültig. Für den kommunalen Bereich ist dies denkbar bei Rahmenlieferverträgen mit Mindestabnahmeverpflichtungen zu Festpreisen. Der drohende Verlust kann hierbei dadurch entstehen, dass der Wert der Vermögensgegenstände aufgrund technischer Weiterentwicklung oder höherer Sicherheitsstandards sinkt. Durch die Verpflichtung zur Erfüllung aus dem Rahmenvertrag entsteht aber eine höhere Zahlungsverpflichtung gegenüber dem Dritten als der Wert der Vermögensgegenstände tatsächlich ausmacht. Für die Differenz zwischen Zahlungsverpflichtung und tatsächlichem Vermögenswert ist ab Bekanntwerden eine sonstige Rückstellung zu bilden. Auch hier besteht die Möglichkeit der Bildung einer kommunalspezifischen Geringfügigkeitsgrenze, bei deren Unterschreitung keine Rückstellungsbildung erfolgen muss.

- **Überstunden- und Urlaubsrückstellungen**

Zwei gängige Anlässe für die Bildung sonstiger Rückstellungen sind die Rückstellungen für nicht in Anspruch genommenen Urlaub und Rückstellungen für geleistete Überstunden. Die Gemeinden haben in der Regel verwaltungsweit zum jeweiligen 31.12. stichtagsbezogen festzustellen, in welcher Höhe Ansprüche der Beschäftigten aus Urlaub und Überstundenüberhängen für das abgelaufene Rechnungsjahr bestehen.

Der im Haushaltsjahr aufgelaufene Anspruch der Beschäftigten bzw. der Beamten/Innen zwecks Ausgleichs von Überstunden und Gleitzeitguthaben stellt einen Aufwand des laufenden Haushaltsjahres dar. Bei den Überstunden besteht alternativ die Möglichkeit, diese im Folgejahr gegen Freizeit oder Bezahlung auszugleichen. Im Rahmen der Rückstellungsbildung erfolgt keine Differenzierung zwischen diesen beiden Formen der Überstundenabgeltung; im Rahmen einer periodengerechten Aufwandszuordnung sind entsprechende Rückstellungen zu bilden. Arbeitszeitdefizite sind mangels Realisation der Forderung auf Arbeitsleistung durch die Gemeinde nicht darzustellen bzw. nicht mit dem bestehenden Rückstellungsvolumen zu verrechnen.

3.2.3 Inanspruchnahme der Rückstellungen

Durch die Inanspruchnahme für den speziellen Rückstellungszweck stellt die Rückstellung die Gegenbuchungsposition für die Verbindlichkeit bzw. die Auszahlung dar.

Aufgrund des bereits in früheren Perioden erfassten Aufwandes darf in einer späteren Periode der Aufwand im Rahmen der Inanspruchnahme nicht noch einmal in einem späteren Jahresabschluss (Verbot der Doppelerfassung) dargestellt werden, so dass die Rückstellung den Aufwand durch Absetzung idealtypisch neutralisiert. Die Inanspruchnahme der Rückstellung erfolgt danach durch folgende Buchungssätze:

Spezifisches Aufwandskonto	an	Verbindlichkeiten / Bankguthaben
Rückstellung	an	Spezifisches Aufwandskonto

In der Buchhaltungstheorie wird vielfach eine vereinfachte direkte unterjährige Buchung der Verbindlichkeiten in die Bilanz mit dem Gegenbuchungsposten Rückstellungen praktiziert.

Rückstellung	an	Verbindlichkeiten / Bankguthaben

Diese buchhalterische Methode ist nach den GoB unzulässig, da unterjährige Bewirtschaftungsbuchungen auf den Bestandskonten der Bilanz zu vermeiden sind.

Eine Rückstellung ist nach § 37 Abs. 7 KomHVO verpflichtend ertragswirksam aufzulösen, wenn der Grund hierfür entfallen ist. Dies ist der einzige Grund für eine ertragswirksame Auflösung von Rückstellungen. Für die ertragswirksame Auflösung aller Rückstellungsarten gibt es nur eine gemeinsame Ertragsart. Die Erträge aus der Auflösung oder Herabsetzung von Rückstellungen ist dem Ergebnisposten sonstige ordentliche Erträge zugeordnet.

Rückstellung	an	458 Erträge aus der Auflösung von Rückstellungen

Im Rahmen der Inanspruchnahme von Rückstellungen können sich neben dem idealtypischen Fall einer gleichwertigen Deckung der Aufwendungen durch die Rückstellung zwei abweichende Konstellationen ergeben. War die Rückstellung zu hoch dotiert, d. h. der Rückstellungsbetrag übersteigt die entsprechende Leistung, ergeben sich in Höhe des übersteigenden Betrages Erträge aus der Auflösung von Rückstellungen.

Buchungsbeispiel (Auflösung einer zu hoch dotierten Rückstellung):		
Es wurde eine Instandhaltungsrückstellung für die Instandsetzung einer Schule in Höhe von 0,5 Mio. € gebildet. Nach Abschluss der Durchführung werden für die Instandsetzung 0,4 Mio. € in Rechnung gestellt.		
Buchung:		
521 Unterhaltung der Grundstücke und bauliche Anlagen 0,4 Mio. €	an	352 Verbindlichkeiten aus Lieferung und Leistung 0,4 Mio. €
270 Instandhaltungsrückst. 0,5 Mio. €	an	521 Unterhaltung der Grundstücke und bauliche Anlagen 0,4 Mio. €
		458 Erträge aus der Auflösung von Rückstellungen 0,1 Mio. €

Buchungsbeispiel (Auflösung einer zu niedrig dotierten Rückstellung):		
Es wurde eine Instandhaltungsrückstellung für die Instandsetzung einer Schule in Höhe von 0,5 Mio. € gebildet. Nach Abschluss der Durchführung werden für die Instandsetzung 0,6 Mio. € in Rechnung gestellt.		
Buchung:		
521 Unterhaltung der Grundstücke und bauliche Anlagen 0,6 Mio. €	an	352 Verbindlichkeiten aus Lieferung und Leistung 0,6 Mio. €
270 Instandhaltungsrückst. 0,5 Mio. €	an	521 Unterhaltung der Grundstücke und bauliche Anlagen 0,5 Mio. €
Buchungshinweis: Aufgrund der vorhergehenden Buchung entstehen in der originären Aufwandsart 0,1 Mio. € periodenfremder Aufwand, da die gebildete Rückstellung zur Abdeckung der Aufwendungen nicht ausreichte.		

3.2.4 Übung

Aufgabe:
Prüfen Sie, ob und welche Rückstellungsbuchungen sich für das Haushaltsjahr 2021 ergeben!

Buchungssachverhalte	
1	Die Stadt S hat im Haushaltsjahr 2021 einen Auftrag zur Gebäudeinstandhaltung erteilt, wobei eine ungefähre Auftragssumme i. H. v. 100.000 € benannt wurde. Die Durchführung erfolgt noch im Dezember des laufenden Jahres, die Rechnungsstellung wird erst im März 2022 erwartet.
2	Der Gutachter G hat Ende Dezember 2021 einen aufwandsbezogenen Auftrag für ein Umweltgutachten über ca. 200.000 € erhalten. Einen ersten ergebnisbezogenen Entwurf wird er Anfang Februar 2022 liefern.
3	Beim Jahresabschluss 2021 haben sich für Überstunden 600.000 € und für Gleitzeitguthaben 200.000 € bei Beamten ergeben. Es ergeben sich auch Gleitzeitfehlstunden mit einem Wert von 50.000 €. Rückstellungen für diesen Zweck bestehen bisher nicht.
4	Beim Jahresabschluss 2020 wurde eine Instandhaltungsrückstellung in Höhe von 16.000 € für Schäden an einem Gebäude gebildet. Welche Buchungen sind in 2021 vorzunehmen, wenn in 2021 die Instandhaltung nachgeholt wurde und die Rechnungsstellung auf Ziel der externen Firma a) 16.000 € b) 14.000 € c) 18.000 € beträgt.
5	Die Stadt S muss aufgrund von Rechtsprechung in vergleichbaren Fällen beim Jahresabschluss 2021 davon ausgehen, dass sie aus Mieten und Pachten 120.000 € für 2020 und 80.000 € für 2021 erstatten muss.
5	Die Stadt S muss aufgrund von Rechtsprechung in vergleichbaren Fällen beim Jahresabschluss 2021 davon ausgehen, dass sie aus Mieten und Pachten 120.000 € für 2020 und 80.000 € für 2021 erstatten muss.
6	Beim Jahresabschluss 2021 soll für die in 2022 durch Ratsbeschluss vorgesehene Einführung von Ganztagsschulen eine Rückstellung von 300.000 € gebildet werden.
7	Aufgrund hoher Gewerbesteuereinzahlungen im laufenden Haushaltsjahr wird die Stadt S in späteren Haushaltsjahren eine um 1 Mio. € erhöhte Umlage an den Landschaftsverband leisten müssen.

Lösung:

Buchungen	
1	521 Grundstücksunterhaltung 1000.000 € an 280 Sonstige Rückstellungen 100.000 €
2	Keine Buchung (schwebendes Geschäft)

3	501 Dienstbezüge 800.000 €	an	282 Überstundenrückstellungen 800.000 €
	Buchungshinweis: Die Gleitzeitfehlstunden sind nach dem GoB „Vorsichts- und Bruttoprinzip" mangels Geltendmachung/Realisation nicht zu buchen		
4	Zu a) 270 Instandhaltungsrückstellungen 16.000 €	an	352 Verbindlichkeiten aus Lieferung und Leistung 16.000 €
	Zu b) 270 Instandhaltungsrückstellungen 16.000 €	an	352 Verbindlichkeiten aus Lieferung und Leistung 14.000 € 458 Ertrag Rückstellungsherabsetzung 2.000 €
	Zu c) 270 Instandhaltungsrückstellungen 16.000 € 521 Grundstücksunterhaltung 2.000 €	an	352 Verbindlichkeiten aus Lieferung und Leistung 18.000 €
5	443 Mieten und Pachten 80.000 € 549 Sonstige Aufwendungen aus Laufender Verwaltungstätigkeit 120.000 €	an	280 Sonst. Rückstellungen 200.000 €
	Buchungshinweis: Die aus 2021 voraussichtlich zu erstattenden Mieten und Pachten sind als Korrekturbuchung der Erträge des laufenden Jahres vorzunehmen; dagegen ist eine Korrekturbuchung für 2020 nicht mehr möglich, es entstehen somit Erstattungsaufwendungen.		
6	Keine Buchung (Keine Rückstellungsbildung, da kein Vergangenheitsbezug)		
7	538 Allgemeine Umlage Gemeindeverbände 1 Mio. €	an	284 Rückstellung erhöhte Heranziehung Umlagen 1 Mio. €

3.3 Bildung und Auflösung von Sonderposten

Während sich in der Privatwirtschaft bilanzielle Sonderposten aus steuerlichen Besonderheiten ergeben und eine eher untergeordnete Rolle spielen, machen sie in einer kommunalen Bilanz häufig einen beachtlichen Teil des Kapitals aus. Dabei weist der Kontenplan insbesondere vier Arten von Sonderposten aus, deren Bildung in § 44 KomHVO ausdrücklich vorgesehen ist:

Konto	Bezeichnung
23	Sonderposten
231	Sonderposten aus Zuwendungen
232	Sonderposten aus Beiträgen
233	Sonderposten für den Gebührenausgleich
239	Sonstige Sonderposten

3.3.1 Sonderposten aus Zuwendungen

Nach § 44 Abs. 5 KomHVO sind für erhaltene Zuwendungen, die zweckgebunden für Investitionen gewährt wurden, Sonderposten auf der Passivseite der Bilanz anzusetzen. Der Sonderposten wird in der Bilanz zwischen dem Eigenkapital und den Rückstellungen angesetzt und ist weder dem Eigenkapital noch dem Fremdkapital eindeutig zuzurechnen. Praktisch erfolgt die Bildung des Sonderpostens durch eine Haben-Buchung auf dem passiven Bestandskonto 231 „Sonderposten aus Zuwendungen".

Der auf der Passivseite der Bilanz ausgewiesene Sonderposten zeigt an, dass ein Teil des Vermögens auf der Aktivseite durch Zuwendungen Dritter finanziert wurde. Da diese Zuwendungen nicht rückzahlbar sind, stellen sie kein Fremdkapital dar. Da die Finanzierung nicht selbst erwirtschaftet wurde und darüber hinaus die Zuwendung auch nur zweckentsprechend verwendet werden darf, sind auch die Kriterien für eine Zuordnung zum Eigenkapital nicht vollständig erfüllt.

Eine Zuordnung zum Eigenkapital fällt bei Gewährung einer Investitionszuwendung auch deshalb aus, weil sich dann die Zuwendung als Eigenkapitalerhöhung unmittelbar im Jahr der Gewährung ergebnisverbessernd auswirken würde. Tatsächlich erstreckt sich der gewährte Vorteil jedoch anteilig über die gesamte Nutzungsdauer des bezuschussten Vermögensgegenstands. Dementsprechend sieht § 44 Abs. 5 KomHVO eine ertragswirksame Auflösung des gebildeten Sonderpostens entsprechend der Abnutzung des bezuschussten Vermögensgegenstands vor. Wird z.B. die Anschaffung eines Rettungswagens mit 16.000 € bezuschusst und wird für diesen Rettungswagen eine Gesamtnutzungsdauer von 8 Jahren erwartet, ist zunächst ein Sonderposten über 16.000 € zu bilden und dann gleichmäßig über 8 Jahre der Nutzung mit 2.000 € pro Jahr ertragswirksam aufzulösen. Der HSPV-Kontenplan sieht dafür das Konto 415 Erträge aus der Auflösung von Sonderposten aus Zuwendungen vor. Bei der genauen Bemessung der Auflösungsbeträge sind die Maßstäbe zu Grunde zu legen, die auch für die Bemessung der Abschreibungen gelten.[42]

In der Finanzrechnung sind zweckgebundene Zuwendungen für Investitionen auf dem Konto 681, d.h. im Bereich der Investitionstätigkeit, zu erfassen.

---

42 Die Einzelheiten zu den Abschreibungsinhalten wurden im Kapitel C. 3.1.2 erläutert.

Buchungsbeispiel:		
Die Stadt hat im Juli einen Rettungswagen für 100.000 € beschafft. Die planmäßige Nutzungsdauer des Rettungswagens beträgt 8 Jahre. Das Land NRW bezuschusst die Beschaffung mit 16.000 €. Die Zuwendung geht am 08.08. auf dem städtischen Konto ein.		
Buchung:		
181 Guthaben bei Banken 16.000 €	an	231 Sonderposten aus Zuwendung 16.000 €
[681 Investitionszuwendungen 16.000 €		Mitführung Finanzrechnung]
Im Jahr der Beschaffung wird der Rettungswagen noch 6 Monate genutzt. Die Auflösung des Sonderpostens erfolgt daher anteilig für ½ Jahr: 16.000 € : 8 Jahre = 2.000 € pro Jahr. 2.000 € : 2 = 1.000 € für ½ Jahr.		
Buchung:		
231 Sonderposten aus Zuw. 1.000 €	an	415 Erträge Auflösung SoPo. 1.000 € Zuwendungen

3.3.2 Sonderposten aus Beiträgen

Neben den Investitionszuwendungen nennt § 44 Abs. 5 KomHVO die Beiträge, mit denen in gleicher Form wie mit den Zuwendungen zu verfahren ist. Gemeint sind die öffentlich-rechtlichen Beiträge nach §§ 8 – 11 KAG und § 127 BauGB. Dabei handelt es sich jeweils um Finanzierungsbeiträge potentieller Nutzer an den Anschaffungs- und Herstellungskosten öffentlicher Einrichtungen und Anlagen. Mit Ausnahme der zwangsweisen Erhebung der Beiträge gibt es inhaltlich kaum einen Unterschied zur zweckgebundenen Investitionszuwendung. Es gelten daher grundsätzlich die oben gemachten Ausführungen.

Hinsichtlich der Erfassung auf den Konten sind lediglich zwei Unterschiede zu beachten. Zunächst erfolgt die Erfassung der Einzahlung auf einem separaten Finanzrechnungskonto 688 „Beiträge und ähnliche Entgelte". Dies ist zwingend erforderlich, da §§ 40 i.V.m. § 3 Abs. 1 Nr. 18 KomHVO die separate Darstellung dieser Position im Jahresabschluss verlangt.

Daneben erfolgt auch die spätere Auflösung des Sonderpostens über ein anderes Ertragskonto. Der vom Land NRW vorgegebene Kontierungsplan sieht hierfür zwingend die Kontengruppe 43 vor. Der HSPV-Kontenplan weist dafür das Konto 433 „Erträge aus der Auflösung von Sonderposten für Beiträge" aus.

Praktisch von Bedeutung ist die Tatsache, dass sich Beiträge i.d.R. nicht auf einen einzelnen Vermögensgegenstand beziehen. Es ist daher erforderlich, für die Auflösung eine durchschnittliche Nutzungsdauer der mit dem Beitrag finanzierten Vermögensgegenständen zu Grunde zu legen.

3.3.3 Sonderposten für den Gebührenausgleich

Bei Benutzungsgebühren für Einrichtungen und Anlagen, die überwiegend dem Vorteil einzelner Personen und Personengruppen dienen, sieht § 6 Abs. 1 KAG ein Kostendeckungsgebot vor. Kostenüberdeckungen sind nach § 6 Abs. 2 KAG innerhalb der nächsten vier Jahre auszugleichen. Stellt sich also am Ende eines Kalkulationszeitraums heraus, dass das Gebührenaufkommen die tatsächlich entstandenen Kosten übersteigt, haben die Gebührenzahler einen abstrakten Anspruch auf den Ausgleich dieser Überzahlung. Buchhalterisch wird dieser Anspruch nach § 44 Abs. 6 KomHVO durch den Ansatz eines Sonderpostens dokumentiert. In die folgende Gebührenkalkulation geht dann die Auflösung dieses Sonderpostens als Ertrag bzw. Leistung mit ein und führt damit für den nächsten Kalkulationszeitraum zu einem verminderten Gebührensatz.

Die Bildung des Sonderpostens erfolgt durch eine Aufwandsbuchung auf dem Konto 549 „Sonstige Aufwendungen aus laufender Verwaltungstätigkeit". Die spätere Auflösung erfolgt dann über das Ertragskonto 434 „Ertragskorrektur aus der Auflösung von Sonderposten für den Gebührenausgleich". Praktisch wird also die Kostenüberdeckung auf dem Sonderpostenkonto „geparkt" bis sie durch eine entsprechend kalkulierte Kostenunterdeckung wieder verbraucht werden kann und so der Gemeinschaft der Gebührenzahler wieder zugutekommt.

Die Finanzrechnung ist bei der Bildung und Auflösung von Sonderposten für den Gebührenausgleich nicht betroffen.

Buchungsbeispiel:				
Die Nachkalkulation der Schmutzwassergebühren für das Jahr 2019 im Februar 2020 weist eine Kostenüberdeckung i.H.v. 80.000 € aus. Im Rahmen der Abschlussbuchungen des Jahres 2019 wird in dieser Höhe ein Sonderposten für den Gebührenausgleich gebildet.				
Buchung:				
549 Sonstige Aufwendungen	80.000 €	an	233 SoPo Gebührenausgleich	80.000 €
Bei der Kalkulation der Schmutzwassergebühren für 2021 wurde die ertragswirksame Auflösung des Sonderpostens berücksichtigt und führte zu einem verminderten Gebührensatz. Tatsächlich weist die Nachkalkulation der Schmutzwassergebühr für das Jahr 2021 eine Kostenunterdeckung i.H.v. 55.000 € aus. In dieser Höhe ist der Sonderposten für den Gebührenausgleich nun aufzulösen. Die Auflösung des noch bestehenden Sonderpostens ist bei der nächsten Gebührenkalkulation zu berücksichtigen.				
Buchung:				
233 SoPo Gebührenausgleich	55.000 €	an	434 Erträge Aufl. SoPo.	55.000 €

Wie das Beispiel anschaulich zeigt, ist ein punktgenauer Ausgleich von Über- oder Unterdeckungen praktisch nicht möglich, da es sich bei der Gebührenkalkulation immer um Prognoserechnungen handelt. Im externen Rechnungswesen werden aber nicht die Prognosen, sondern die tatsächlichen Ergebnisse abgebildet, die naturgemäß von den Prognosen abweichen werden.

3.3.4 Übung

Aufgabe:
Nehmen Sie alle erforderlichen Zuwendungsbuchungen im Jahr der Zuwendungsgewährung bzw. Beitragserhebung vor.

Buchungssachverhalte	
1	Nach einer Vereinbarung am 10.07. beteiligt sich die Freiwillige Feuerwehr mit 200 € am Kaufpreis eines städtischen PC für 1.000 €, dessen Einbuchung bereits erfolgte. Der Kauf erfolgte bereits am 15.07. und wurde entsprechend gebucht. Die zweckgebundene Spende der Freiwillige Feuerwehr geht am 08.08. auf dem Konto der Stadt ein. Die geplante Nutzungsdauer des PC beträgt 5 Jahre, im laufenden Jahr wird der PC nur 6 Monate genutzt.
2	Eine beitragspflichtige Maßnahme (Nutzungsdauer 25 Jahre) wurde am 03.11. fertig gestellt und per Buchung bereits aktiviert. Die diesbezüglichen Beitragsbescheide in Höhe von 75.000 € werden am 28.11. an die beitragspflichtigen Grundstückseigentümer versendet. Die Fälligkeit der Beitragsleistungen wird erst in Folgejahr liegen.

Lösung:

Buchungen	
1	a) Eingang der Spende: 181 Bank 200 € an 231 SoPo Zuwendungen 200 € [681 Investitionszuwendungen 200 € Mitführung Finanzrechnung] b) Anteilige Auflösung (1/2 Jahr) des Sonderpostens Zuwendungen für das laufende Jahr: 231 SoPo Zuwendungen 20 € an 415 Auflösung SoPo Zuw. 20 €
2	a) Beitragserhebung: 162 Beitragsforderungen 75.000 € an 232 SoPo Beiträge 75.000 € b) Anteilige Auflösung des Sonderpostens Beiträge für das laufende Jahr: 232 SoPo Beiträge 500 € an 433 Aufl. SoPo Beiträge 500 €

3.4 Wertberichtigung auf Forderungen

Wertberichtigungen resultieren im kommunalen Bereich aus Niederschlagungen und Erlassen. Eine Stundung stellt grundsätzlich keine Wertberichtigung dar, es wird der Fälligkeitstermin einer bestehenden Forderung verändert. Hierbei entsteht keine Buchung; mittelbar kann sich allerdings aus der Festsetzung von Stundungszinsen ein Buchungserfordernis ergeben.

Sofern sich Zweifel an der Werthaltigkeit einer bestehenden Forderung ergeben, z. B. keine Reaktion auf mehrmalige Mahnungen, erfolgt eine Umbuchung der bestehenden ordentlichen Forderung zu einer zweifelhaften Forderung.

Buchungsbeispiel:
Gegen den Zahlungspflichtigen Z besteht eine Forderung aus Lieferung und Leistung im Rahmen des Verkaufs eines Dienstfahrzeuges in Höhe von 10.000 €. Trotz mehrmaliger Mahnungen erfolgt keinerlei Zahlung.
Buchung:
173 Zweifelhafte privatrechtliche Forderungen 10.000 € an 171 Forderung aus Lieferung und Leistung 10.000 €

3.4.1 Einzelwertberichtigung bei uneinbringlichen Forderungen

Bei unbefristeten Niederschlagungen geht die Gemeinde davon aus, dass sie zum jetzigen Zeitpunkt und auch nicht der Zukunft mit einem Ausgleich der bestehenden Forderung rechnen kann. Beim Erlass verzichtet die Gemeinde aufgrund besonderer Härten gegenüber dem Schuldner auf den Ausgleich der bestehenden Forderung. In beiden Fällen hat eine Wertberichtigung für eine ausfallende Forderung zu erfolgen.

Fortsetzung des Buchungsbeispiels:
Das Insolvenzverfahren für den Zahlungspflichtigen Z wird mangels Masse nicht eröffnet; sämtliche bestehende Forderungen der Gläubiger fallen aus. Auch die Forderung der Gemeinde G von 10.000 € wird vollständig ausfallen.
Buchung:
547 Wertberichtigungen von Forderungen 10.000 € an 173 Zweifelhafte privatrechtl. Forderungen 10.000 €

Sollte sich im laufenden Jahr wider Erwarten nach Durchführung der Wertberichtigung doch noch eine anteilige oder vollständige Forderungsbegleichung ergeben, hat eine Korrekturbuchung unter Buchung des Zahlungseinganges zu erfolgen.

Weitere Fortsetzung des Buchungsbeispiels:
Nach der Wertberichtigung überweist der Zahlungspflichtige Z im gleichen Haushaltsjahr 1.000 €.
Buchung (Wiederauflebende Forderung mit Korrektur Wertberichtigung):
171 Forderung aus Lieferung und Leistung 1.000 € an 547 Wertberichtigungen von Forderungen 1.000 € 181 Guthaben bei Banken 1.000 € an 171 Forderung aus Lieferung und Leistung 1.000 € [682 Einzahlung Veräußerung Vermögensgegenstände 1.000 €; die Mitführung in der Finanzrechnung bestimmt sich hinsichtlich der Zahlungsart anhand des ursprünglichen Geschäftsvorfalls Vermögensveräußerung Dienstfahrzeug]

Erfolgt gleichfalls wider Erwarten eine anteilige oder vollständige Forderungsbegleichung im Folgejahr nach der Wertberichtigung, ist eine Korrekturbuchung bei den Aufwendungen aus Wertberichtigung nicht mehr möglich.

Abwandlung der weiteren Fortsetzung des Buchungsbeispiels:
Nach der Wertberichtigung im Vorjahr überweist der Zahlungspflichtige Z 1.000 € ein Jahr später zur Forderungsbegleichung.
Buchung (Wiederauflebende Forderung mit Ertragsbuchung):
171 Forderung aus Lieferung und Leistung 1.000 € an 459 andere sonstige ordentliche Erträge 1.000 € Guthaben bei Banken 1.000 € an 171 Forderung aus Lieferung und Leistung 1.000 € [682 Einzahlung Veräußerung Vermögensgegenstände 1.000 €; die Mitführung in der Finanzrechnung bestimmt sich hinsichtlich der Zahlungsart anhand des ursprünglichen Geschäftsvorfalls Vermögensveräußerung Dienstfahrzeug]

3.4.2 Einzelwertberichtigungen bei zweifelhaften Forderungen

Sofern noch nicht exakt feststeht, ob eine Forderung vollständig, in Teilen oder gar nicht ausfällt, erfolgt eine Überprüfung der Werthaltigkeit der Forderung. Die gewonnenen vorläufigen Erkenntnisse führen zur Entscheidung, ob eine Einzelwertberichtigung bei zweifelhaften Forderungen vorzunehmen ist.

Auch bei einem voraussichtlichen Forderungsausfall aufgrund vorläufiger Erkenntnisse hat nach dem Vorsichtsprinzip eine Wertberichtigung in Höhe des voraussichtlich ausfallenden Forderungswertes zu erfolgen. Eine Methode hat der Gesetzgeber nicht festgelegt, allerdings sieht er im kommunalen Kontierungsplan[43] einen Passivposten Wertberichtigungen für die vorläufigen Wertberichtigungen vor (Konto 211 lt. Kontenplan HSPV NRW für Einzelwertberichtigungen).

[43] Anlage 18 VV Muster zur GO und KomHVO.

Dieses Passivkonto soll in Form einer indirekten Wertberichtigung den vorläufigen Charakter der vorgenommenen Einzelwertberichtigung im Rechnungswesen dokumentieren.

Durch die Einbeziehung des Passivkontos Einzelwertberichtigung bei der Aufwandsbuchung der Wertberichtung bleibt der Forderungsbetrag unverändert. Der Bilanzausweis des passiven Einzelwertberichtigungskontos ist unzulässig; es ist vielmehr im Rahmen des Jahresabschlusses mit dem unveränderten Forderungsbeträgen zu verrechnen, so dass in der Jahresabschlussbilanz der um die Einzelwertberichtigungen verminderte Forderungsbetrag ausgewiesen wird (Betrag der werthaltigen Forderungen).

Buchungsbeispiel:		
Die Gemeinde hat weiterhin eine privatrechtliche Forderung in Höhe von 10.000 € gegen den Zahlungspflichtigen Z, der verschiedenen Zahlungsaufforderungen nicht nachgekommen ist. Die Gemeinde hat ermittelt, dass ein Insolvenzverfahren eröffnet wurde. Es ist davon nach erster Einschätzung davon auszugehen, dass die Forderung zu 80 % ausfallen wird; die Werthaltigkeit der Forderung beträgt somit nur 20 %.		
Buchung:		
547 Wertberichtigungen von Forderungen 8.000 €	an	211 Einzelwertberichtigungen zu Forderungen 8.000 €

Der bilanzielle Bestandsausweis dieser Forderung bei Jahresabschluss wäre somit 2.000 €.

In der weiteren zeitlichen Entwicklung stellt sich gegenüber der vorläufigen Einzelwertberichtigung der tatsächliche Forderungsausfall ein, der in der Regel von der vorläufigen Einzelwertberichtigung zumindest im geringen Umfang abweichen wird. Für diese Abweichungen sind entsprechende Korrekturbuchungen erforderlich.

Fortsetzung des Buchungsbeispiels (tatsächlich geringerer Forderungsausfall):		
Der tatsächliche Forderungsausfall liegt ein Jahr später nur bei 70 %, sodass die Gemeinde lt. Insolvenzverwalter 3.000 € als Forderungsausgleich erhalten wird.		
Buchung:		
171 Forderungen aus Lieferung und Leistung 3.000 €	an	173 Zweifelhafte privatrechtliche Forderungen 10.000 €
211 Einzelwertberichtigungen zu Forderungen 8.000 €		458 Erträge aus Wertkorrektur 1.000 €

Fortsetzung des Buchungsbeispiels (tatsächlich höherer Forderungsausfall):		
Der tatsächliche Forderungsausfall liegt ein Jahr später bei 90 %, so dass die Gemeinde lt. Insolvenzverwalter 1.000 € als Forderungsausgleich erhalten wird.		
Buchung:		
171 Forderungen aus Lieferung und Leistung 1.000 € 211 Einzelwertberichtigungen zu Forderungen 8.000 € 547 Wertberichtigungen von Forderungen 1.000 €	an	173 Zweifelhafte privatrechtliche Forderungen 10.000 €

3.4.3 Pauschalwertberichtigung

Neben den spezifischen Einzelwertberichtigungen gibt es eine Pauschalwertberichtigung, die das allgemeine kalkulierte Ausfallrisiko einzelner Forderungsarten abdeckt. Hierfür besteht gleichfalls ein Passivkonto (Konto 212 lt. Kontenplan HSPV NRW für Pauschalwertberichtigungen), dass im Rahmen der Bilanzierung wie das Einzelwertberichtigungskonto gleichfalls nicht ausgewiesen werden darf.

Das zu kalkulierende Ausfallrisiko erfolgt in der Regel durch Ermittlung eines prozentualen Pauschalsatzes je Forderungsart. Basis hierfür sind die Erfahrungswerte der letzten drei bis fünf Jahre. Es muss hierbei eine rechnerische Nachvollziehbarkeit gegeben sein.

Buchungsbeispiel (Erstmalige Einbuchung):		
Die Gemeinde hat jährliche Benutzungsgebührenforderungen von 20 Mio. €, wobei anhand der Erfahrungswerte der letzten 5 Jahre fünf Prozent des Forderungsvolumens nicht realisiert werden können.		
Buchung:		
547 Wertberichtigungen von Forderungen 1 Mio. €	an	212 Pauschalwertberichtigungen Forderungen 1 Mio. €

In den Folgejahren nach der erstmaligen Einbuchung der Pauschalwertberichtigung erfolgt ggf. eine Anpassungsbuchung. Alternativ:

Buchungsbeispiel (Verringerung des Ansatzes Pauschalwertberichtigung):		
Bei weiterhin Benutzungsgebührenforderungen von 20 Mio. € werden nach neuen Erfahrungswerten nur drei Prozent des Forderungsvolumens nicht realisiert werden können.		
Buchung:		
212 Pauschalwertberichtigungen zu Forderungen 0,4 Mio. €	an	458 Erträge aus Wertkorrektur 0,4 Mio. €

Der Bestand der Pauschalwertberichtungen auf dem Konto 212 wurde durch Anpassungsbuchung auf 0,6 Mio. € reduziert.

Buchungsbeispiel (Erhöhung des Ansatzes Pauschalwertberichtigung):		
Bei weiterhin Benutzungsgebührenforderungen von 20 Mio. € werden nach neuen Erfahrungswerten sieben Prozent des Forderungsvolumens nicht realisiert werden können.		
Buchung:		
547 Wertberichtigungen von Forderungen 0,4 Mio. €	an	212 Pauschalwertberichtigungen zu Forderungen 0,4 Mio. €

Der Bestand der Pauschalwertberichtungen wurde durch Anpassungsbuchung auf dem Konto 212 auf 1,4 Mio. € erhöht.

3.4.4 Übung

Aufgabe:
Nehmen Sie die erforderlichen Buchungen im Rahmen der Wertberichtigung vor. Buchen Sie die vorläufige Wertberichtigung über das Einzelwertberichtigungskonto (EWB) zu Forderungen.

Buchungssachverhalte	
1	Trotz wiederholter Mahnung wird eine bestehende Gebührenforderung für eingeräumte Grabbelegungsrechte i. H. v. je 2.000 € nicht beglichen; es bestehen Zweifel an der Realisierbarkeit der Forderung beim Schuldner.
2	Bei der Forderung wird ermittelt, dass die Gemeinde keinerlei Aussicht hat, gegenwärtig und auch in der Zukunft zu einer Gebührenleistung zu gelangen.
3	Bei einer anderen ähnlichen zweifelhaften Gebührenforderung sind die Aussichten gut ca. 80 % der Gebührenforderung von 2.000 € aus der Erbmasse des Verstorbenen erhalten zu können.
4	Nach Abschluss des Erbschaftsverfahrens teilt das Nachlassgericht zu der unter 3 vorläufig einzelwertberichtigten Forderung mit, dass die Gemeinde eine Forderungsbegleichung von a) 70 % b) 90 % erhalten wird.

Lösung:

Buchungen			
1	166 Zweifelhafte öffentlich-rechtliche Forderungen 2.000 €	an	161 Gebührenforderungen 2.000 €
2	547 Wertberichtigung von Forderungen 2.000 €	an	166 Zweifelhafte öffentlich-rechtl. Forderungen 72.000 €
3	547 Wertberichtigung von Forderungen (EWB) 400 €	an	211 Einzelwertberichtigung zu Forderungen 400 €

4	Zu a) 547 Wertberichtung auf Forderungen 200 € an 166 Zweifelhafte Forderungen 161 Gebührenforderungen 1.400 € 2.000 € 211 EWB zu Forderungen 400 € Zu b) 161 Gebührenforderungen 1.800 € an 166 Zweifelhafte Forderungen 2.000 € 211 EWB zu Forderungen 400 € 458 Erträge aus Wertkorrektur 200 €

3.5 Periodenabgrenzung

Aufwendungen und Erträge sind zwingend in der Periode des Ressourcenverbrauches bzw. des Ressourcenaufkommens zu buchen. Neben dieser ergebniswirksamen Buchung besteht bei den meisten Geschäftsvorfällen weiterhin das Erfordernis, den zugehörigen Zahlungsvorgang durch Ausgaben oder Einnahmen zu buchen. Sofern Ergebnisbuchung und Buchung des Zahlungsvorgangs in unterschiedlichen Perioden zu buchen sind, ist dies mittels einer einzigen Buchung nicht möglich, da nicht in zwei unterschiedliche Perioden gebucht werden kann. Also bedarf es zur Abbildung solcher Geschäftsvorfälle eines verbindenden Buchungselements, durch das Zahlungsbuchung und Ergebnisbuchung jeweils periodengerecht vorgenommen werden können.

Im Rahmen der Periodenabgrenzung ergeben sich zwei grundlegende Abgrenzungskonstellationen. Einerseits kann die Ergebnisbuchung im abzuschließenden Haushaltsjahr liegen, dagegen erfolgt die Buchung des Zahlungsvorgangs erst in einem späteren Haushaltsjahr. Hierbei handelt es sich um die antizipative Rechnungsabgrenzung, wobei als verbindendes Buchungselement eine „Sonstige Forderung" oder eine „Sonstige Verbindlichkeit" gebucht wird. Andererseits kann die Buchung des Zahlungsvorgangs im abzuschließenden Haushaltsjahr liegen, dagegen muss die Ergebnisbuchung erst in einem späteren Haushaltsjahr vorgenommen werden. Hierbei handelt es sich um die transitorische Rechnungsabgrenzung, wobei als verbindendes Buchungselement ein „aktiver bzw. passiver Rechnungsabgrenzungsposten" gebucht wird. Zur grundlegenden Übersicht nachfolgende Abbildung:

Geschäftsvorfall ergibt im			
abzuschließenden Haushaltsjahr	Folgehaushaltsjahr oder später	Form der Periodenabgrenzung	Bilanzielle Darstellung
Ausgabe	Aufwand	Transitorische Rechnungsabgrenzung	Aktive Rechnungsabgrenzung
Einnahme	Ertrag		Passive Rechnungsabgrenzung
Aufwand	Ausgabe	Antizipative Rechnungsabgrenzung	Sonstige Verbindlicheiten
Ertrag	Einnahme		Sonstige Forderungen

3.5.1 Transitorische Rechnungsabgrenzung

Bei der transitorischen Rechnungsabgrenzung wird entsprechend der vorhergehenden Abbildung unterschieden zwischen aktiver Rechnungsabgrenzung - hier werden aus einem Geschäftsvorfall heraus die Ausgaben des laufenden Haushaltsjahres von den Aufwendungen in späteren Haushaltsjahren abgegrenzt - und passiver Rechnungsabgrenzung - hier werden aus einem Geschäftsvorfall heraus die Einnahmen des laufenden Haushaltsjahres von den Erträgen späterer Haushaltsjahre abgegrenzt - unterschieden. Für aktive Rechnungsabgrenzung besteht auf der Aktivseite der Bilanz ein entsprechender Posten. Spiegelbildlich besteht für die passive Rechnungsabgrenzung auf der Passivseite der Bilanz gleichfalls ein entsprechender Posten.

3.5.1.1 Aktive Rechnungsabgrenzung

§ 43 Abs. 1 KomHVO normiert das Erfordernis der Buchung eines aktiven Rechnungsabgrenzungsposten (ARAP), wonach erfolgte Ausgaben vor dem Abschlussstichtag des Haushaltsjahres, soweit sie Aufwendungen für eine bestimmte Zeit in einem späteren Haushaltsjahr darstellen, als aktive Rechnungsabgrenzungsposten anzusetzen und auszuweisen sind. Hier bleibt offen, ob die Buchung in den aktiven Rechnungsabgrenzungsposten mittelbar (indirekte Buchung) oder unmittelbar (direkte Buchung) zu erfolgen hat, somit sind beide Buchungsmethoden zulässig. Indirekte Buchung bedeutet, dass zunächst eine vollständige Aufwandsbuchung für die Ausgabe erfolgt und der Aufwand durch eine Korrekturbuchung/Umbuchung periodengerecht richtig zugeordnet wird. Bei der direkten Buchungsweise erfolgt die periodenbezogene Aufwandszuordnung zum laufenden Haushaltsjahr und zum Folgejahr mittels aktiven Rechnungsabgrenzungsposten in einem Buchungssatz.

Buchungsbeispiel:				
Die Gemeinde hat die vorab per Überweisung zu leistende Vierteljahresmiete in Höhe von 6.000 € für den Zeitraum November 2021 bis Januar 2022 zu buchen.				
Direkte Buchung:				
193 ARAP	2.000 €	an	181 Guthaben bei Banken	6.000 €
542 Mieten, Pachten, Leasing	4.000 €			
[Mitführung Finanzrechnung:			742 Mieten, Pachten, Leasing	6.000 €]
Indirekte Buchung:				
542 Mieten, Pachten, Leasing	6.000 €	an	181 Guthaben bei Banken	6.000 €
[Mitführung Finanzrechnung:			742 Mieten, Pachten, Leasing	6.000 €]
Umbuchung-/Korrekturbuchung beim Jahresabschluss:				
193 ARAP	2.000 €	an	542 Mieten, Pachten, Leasing	2.000 €

Der Gesetzestext beschreibt nicht die Buchungsweise in der Ergebnisperiode. Hier ist die ergebniswirksame Auflösung des aktiven Rechnungsabgrenzungspostens zu buchen.

Fortsetzung des Buchungsbeispiels:				
542 Mieten, Pachten, Leasing	2.000 €	an	193 ARAP	2.000 €

Der Kontenplan HSPV sieht noch zwei weitere spezifische Konten für die Buchung eines aktiven Rechnungsabgrenzungspostens vor. Das Konto 192 „Aktive RAP für geleistete Zuwendungen" wurde gebildet, um Sachverhalte des § 44 Abs. 2 Satz 2 KomHVO abzubilden. Hier leistet die Gemeinde an einen Dritten eine Zuwendung, wobei die Zuwendungsgewährung mit einer mehrjährigen einklagbaren Gegenleistungsverpflichtung verbunden ist. Entsprechend der Erfüllung der Gegenleistungsverpflichtung ist der aufgrund der Zuwendungsleistung zu bildende aktive Rechnungsabgrenzungsposten erfolgswirksam aufzulösen.

Buchungsbeispiel:				
Die Gemeinde G leistet an einen Tierschutzverein am 15. Oktober 2021 einen Zuschuss i. H. v. 50.000 € für die Renovierung des im Eigentum des Vereins befindlichen Tierschutzzentrums. Die Zuwendungsgewährung erfolgt mit der Bedingung, dass der Tierschutzverein ab dem 01.01.2022 weiterhin für 10 Jahre herrenlosen Hunden aus der Gemeinde G aufnimmt. Sollte die Zuwendungsbedingung im Laufe der 10 Jahre nicht mehr erfüllt werden, ergibt sich hierdurch eine anteilige Rückzahlungsverpflichtung.				
Buchung 15.10.2021:				
192 ARAP	50.000 €	an	181 Guthaben bei Banken	50.000 €
[Mitführung Finanzrechnung:			739 Sonstige Transferauszahlungen	50.000 €]
Buchung 2022 bis 2031 jeweils:				
539 Sonstige Transferaufwendungen	5.000 €	an	192 ARAP	5.000 €

Das Beispiel zeigt, dass hier die Zahlungsperiode und die Ergebnisperioden vollständig auseinanderfallen können.

Auch für das dritte Konto für aktive Rechnungsabgrenzungsposten existiert eine rechtliche Vorschrift im § 43 Abs. 2 KomHVO. Dieser regelt, dass bei einem höheren Rückzahlungsbetrag einer Verbindlichkeit als dem Auszahlungsbetrag, der Unterschiedsbetrag in den aktiven Rechnungsabgrenzungsposten aufgenommen werden darf. Diese schwierige Definition ist zum besseren Verständnis schrittweise herzuleiten. Verbindlichkeiten werden in Höhe des Rückzahlungsbetrages bilanziert. Hierbei kann der Rückzahlungsbetrag aber höher sein als der an die Gemeinde ausgezahlte Betrag. Dies entsteht, wenn sich beispielsweise im Rahmen einer Darlehensgewährung der Darlehensgeber und die Gemeinde darüber einig sind, dass bestimmte Leistungen der Bank (z. B. Verbesserung des Zinssatzes für die Laufzeit, Bereithaltungskosten des Darlehensbetrages) unmittelbar mit dem gewährten Darlehensbetrag verrechnet werden und so zu einer reduzierten Auszahlung der gewährten Darlehensbetrages führen. Den entstandenen Unterschiedsbetrag zwischen Rückzahlungs- und Auszahlungsbetrag wird als Disagio bezeichnet. Hierfür besteht ein Wahlrecht, wonach das Disagio anstelle einer vollständigen Darstellung als Finanzaufwendungen auch unter

Zugrundelegung der gesamten Laufzeit des Darlehens anteilig zu Finanzaufwendungen führen darf.

Die Formulierung des § 43 Abs. 2 KomHVO ist dahingehend irreführend, dass nach dem Wortlaut der aktive Rechnungsabgrenzungsposten durch planmäßige jährliche Abschreibung aufzulösen ist. Gemeint sein kann bei dieser Formulierung nur die Methode, nicht aber der zugehörige Aufwandsposten, wobei es sich um Finanzaufwendungen handeln muss. Auch hier ist die direkte oder die indirekte Auflösungsbuchung des aktiven Rechnungsabgrenzungspostens möglich.

Buchungsbeispiel:

Die Gemeinde G nimmt für eine Investition ein Darlehen in Höhe von 5 Mio. € auf, wobei ein Disagio von 10 % vereinbart ist. Die Auszahlung des reduzierten Darlehensbetrages erfolgt mit Wertstellung 01.07.2021. Die Laufzeit des Darlehens beträgt 10 Jahre. Bei der Gemeinde G besteht die Kreditbewirtschaftungsregelung, wonach Disagio stets entsprechend der Laufzeit abzugrenzen ist.

Direkte Buchung 01.07.2021:

181 Guthaben bei Banken	4,5 Mio. €	an	320 Verbindlichkeiten aus Krediten für Investitionen	5 Mio. €
191 ARAP Disagio	475.000 €			
552 Aufl. ARAP für Disagio	25.000 € (Hinweis: anteilig für ein halbes Jahr)			

[692 Kreditaufnahmen für Investitionen 4,5 Mio. € Mitführung Finanzrechnung]

Indirekte Buchung 01.07.2021:

181 Guthaben bei Banken	4,5 Mio. €	an	320 Verbindlichkeiten aus Krediten für Investitionen	5 Mio. €
191 ARAP Disagio	500.000 €			

[692 Kreditaufnahmen für Investitionen 4,5 Mio. € Mitführung Finanzrechnung]

552 Aufl. ARAP für Disagio	25.000 €	an	193 ARAP	25.000 €

Buchung 2022 bis 2030 jeweils:

552 Aufl. ARAP für Disagio	50.000 €	an	191 ARAP Disagio	50.000 €

und in 2031 nochmals

552 Aufl. ARAP für Disagio	25.000 €	an	191 ARAP Disagio	25.000 €

3.5.1.2 Passive Rechnungsabgrenzung

§ 43 Abs. 3 KomHVO normiert das Erfordernis der Buchung eines passiven Rechnungsabgrenzungsposten (PRAP), wonach eingegangene Einnahmen vor dem Abschlussstichtag des Haushaltsjahres, soweit sie Erträge für eine bestimmte Zeit in einem späteren Haushaltsjahr darstellen, als passive Rechnungsabgrenzungsposten anzusetzen und auszuweisen sind. Auch hier bleibt offen, ob die Buchung in den passiven Rechnungsabgrenzungsposten mittelbar (indirekte Buchung) oder unmittelbar (direkte Buchung) zu erfolgen hat, somit sind beide Buchungsmethoden zulässig.

Buchungsbeispiel:

Die Gemeinde erhält per Überweisung aus einer Grundstücksverpachtung am 31.10.2021 die Pachtzahlung in Höhe von 9.000 € für den Zeitraum November 2021 bis Januar 2022.

Direkte Buchung:

181 Guthaben bei Banken 9.000 € an 443 Mieten und Pachten 6.000 €
392 PRAP 3.000 €

[643 Mieten und Pachten 9.000 € Mitführung Finanzrechnung]

Indirekte Buchung:

181 Guthaben bei Banken 9.000 € an 443 Mieten und Pachten 9.000 €

[643 Mieten und Pachten 9.000 € Mitführung Finanzrechnung]

Umbuchung-/Korrekturbuchung beim Jahresabschluss:
443 Mieten und Pachten 3.000 € an 392 PRAP 3.000 €

Auch hier beschreibt der Gesetzestext nicht die Buchungsweise in der Ergebnisperiode. Hier ist die ertragswirksame Auflösung des passiven Rechnungsabgrenzungspostens zu buchen.

Fortsetzung des Buchungsbeispiels:

392 PRAP 3.000 € an 443 Mieten und Pachten 3.000 €

Nachfolgend eine zusammenfassende Übersicht zur Buchungsweise der aktiven passiven Rechnungsabgrenzungsposten in den unterschiedlichen Zahlungs- und Ergebnisperioden:

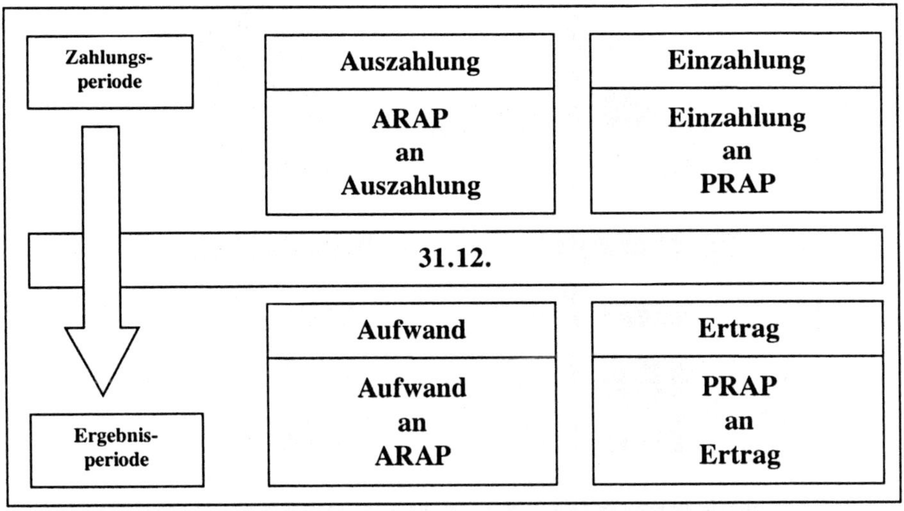

3.5.2 Antizipative Rechnungsabgrenzung

Entsteht in dem abzuschließenden Haushaltsjahr ein Aufwand oder Ertrag, wofür der Zahlungsvorgang erst in einem späteren Haushaltsjahr erfolgt, bedarf es zur periodengerechten Zuordnung und Buchung einer Gegenbuchungsposition. Für Erträge erfolgt eine vorweggenommene Forderungsbuchung (antizipieren = vorwegnehmen), bei der eine zum 31.12. stichtagsbezogene Forderungsbuchung erfolgt, ohne dass eine Geltendmachung der Forderung gegenüber dem Schuldner erfolgt. Die Buchung erfolgt alleinig zum Zwecke der ertragswirksamen Periodenabgrenzung auf ein spezielles sonstiges Forderungskonto.

Buchungsbeispiel:			
Am 31.01.2022 wird die Gemeinde für den Zeitraum November 2021 bis Januar 2022 eine Pachtzahlung in Höhe von 15.000 € erhalten. Beim Jahresabschluss 2021 wird eine antizipative Abgrenzungsbuchung erforderlich.			
Buchung:			
177 Sonstige Forderungen (Rechnungsabgrenzung) 10.000 €	an	443 Mieten und Pachten	10.000 €

Bei der antizipativen Rechnungsabgrenzung von Aufwendungen erfolgt die antizipative Buchung in gleicher Art und Weise.

Buchungsbeispiel:
Am 31.01.2022 hat die Gemeinde für den Zeitraum November 2021 bis Januar 2022 Zinsen in Höhe von 0,3 Mio. € zu leisten. Beim Jahresabschluss 2021 wird eine antizipative Abgrenzungsbuchung erforderlich.
Buchung:
551 Zinsaufwendungen 0,2 Mio. € an 376 Sonstige Verbindlichkeiten 0,2 Mio. €

Nachfolgend eine zusammenfassende Übersicht zur Buchungsweise der antizipativen Rechnungsabgrenzungsposten in den unterschiedlichen Zahlungs- und Ergebnisperioden:

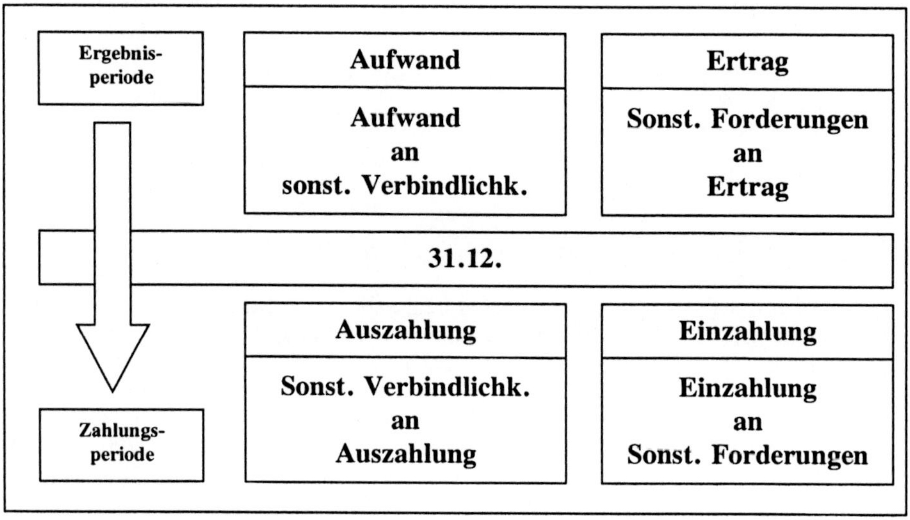

3.5.3 Übungen

Aufgabe:
Buchen Sie die erforderlichen Periodenabgrenzungen für das Bewirtschaftungsjahr 2021. Wählen Sie hierbei jeweils die direkte Buchungsmethode.

Buchungssachverhalte	
1	Ein Pächter hat am 15.11.2021 die Pacht von insgesamt 12.000 € für die Monate 12/2021 bis 2/2022 per Bank überwiesen.
2	Aus einem vergebenen Wirtschaftsförderungsdarlehen (Laufzeit 10 Jahre) wird die Gemeinde im Februar 2022 per Banküberweisung nachträglich 600 € Zinsen und 1.200 € Tilgung für die Monate 11/2021 bis 01/2022 erhalten.

3	Ein am 01.07.2021 von der Gemeinde per Banküberweisung geleisteter Zuschuss i. H. v. 36.000 € für einen Anbau ist für den empfangenden Verein mit der Verpflichtung verbunden, der Gemeinde ab Fertigstellung am 01.12.2021 über einen Zeitraum von 10 Jahren am Vereinsheim ein Nutzungsrecht einzuräumen.
4	Die Gemeinde hat insgesamt 30.000 € Miete am 31.08.2021 für das folgende halbe Jahr an den Vermieter per Bank überwiesen.
5	Die Kfz-Versicherung für einen Dienstwagen in Höhe von 1.200 € wurde am 01.06.2021 für ein Jahr im Voraus per Bank überwiesen.
6	Die Zinszahlung aus einer gemeindlichen Geldanlage für den Zeitraum 01.10.2029 bis 31.01.2022 i. H. v. 16.000 € wird am 01.02.2022 erwartet.
7	Für den Friedhof wird am 30.09.2021 ein zwanzigjähriges Belegungsrecht ab 01.10.2021 für eine Grabstelle vergeben. Die Hinterbliebenen überweisen hierfür 4.800 €.
8	Für einen investiven Kredit sind am 01.02.2022 nachträglich die vierteljährlichen Tilgungsleistungen i. H. v. 90.000 € und Zinsleistungen i. H. v. 60.000 € für den Zeitraum 11/2021 bis 01/2022 zu zahlen.
9	Für den erstmalig ab 01.05.2021 vergebenen Wartungsauftrag für Aufzüge ist am 30.04.2022 der jährliche Zahlungsbetrag von 12.000 € für die zurückliegenden 12 Monate zu überweisen.
10	Das aufgenommene Kommunaldarlehen in Höhe von 4 Mio. € mit einer Laufzeit von 20 Jahren wird am 01.07.2021 mit einen Auszahlungsbetrag von 3,8 Mio. € überwiesen. Der Disagio-Betrag ist lt. Geschäftsanweisung abzugrenzen.

Lösung

Buchungen	
1	181 Guthaben bei Banken 12.000 € an 443 Mieten und Pachten 4.000 € 392 Passive Rechnungsabgrenzung 8.000 € [643 Mieten und Pachten 12.000 € Mitführung Finanzrechnung]
2	177 Sonstige Forderungen 400 € an 461 Zinserträge 400 € Buchungshinweis: Im vorliegenden Fall sind in 2021 nur die Erträge abzugrenzen. Für die Tilgung als Einzahlung erfolgt keine Abgrenzung und aufgrund des Geschäftsvorfalls keine Buchung in 2021; hier besteht ein Bestandskonto Kreditverbindlichkeiten

3	192 Aktiver RAP für geleistete Zuwendungen 35.700 € 549 Sonstige Aufwendungen aus laufender Verwaltungst. 300 € an 181 Guthaben bei Banken 36.000 € [Mitführung Finanzrechnung: 749 Sonstige Auszahlungen aus lfd. Verwaltungstätigkeit 36.000 €] Hinweis: Die sonstigen Aufwendungen betragen aufgrund der anteiligen Periodisierung von anteilig einem Monat nur 300 € (3600 €/Jahr : 12 Monate) Hinweis zur Kontierung: Es handelt sich um eine nicht rückzahlbare Zuwendung für eine Investition, daher ergeben sich sonstige Aufwendungen und keine Transferaufwendungen.
4	542 Mieten, Pachten u. Leasing 20.000 € 193 Sonstige aktive RAP 10.000 € an 181 Guthaben bei Banken 30.000 € [Mitführung Finanzrechnung: 742 Mieten, Pachten und Leasing 30.000 €]
5	544 Steuern und Versicherungen 700 € 193 Sonstige aktive RAP 500 € an 181 Guthaben bei Banken 1.200 € [Mitführung Finanzrechnung: 744 Steuern und Versicherungen 1.200 €]
6	177 Sonstige Forderungen 12.000 € an 461 Zinserträge 12.000 €
7	181 Guthaben bei Banken 4.800 € an 432 Benutzungsgebühren 60 € 392 Passive Rechnungsabgrenzung 4.740 € [632 Benutzungsgebühren 4.800 € Mitführung Finanzrechnung]
8	551 Zinsaufwendungen 40.000 € an 376 Sonst. Verbindl. 40.000 € Buchungshinweis: Im vorliegenden Fall sind nur die Zinsaufwendungen antizipativ abzugrenzen. Für die Tilgung als Auszahlung erfolgt keine Periodenabgrenzung in 2021 (Bestandskontenbuchung).
9	521 Unterh. der Grundst. 8.000 € an 376 Sonst. Verbindl. 8.000 €
10	181 Guthaben Banken 3,8 Mio. € 191 ARAP Disagio 195.000 € 552 Auflösung ARAP für Disagio 5.000 € (Hinweis: anteilig für ein halbes Jahr) an 320 Verbindlichkeiten aus Krediten für Investitionen 4,0 Mio € [692 Kreditaufnahmen für Investitionen 3,8 Mio. € Mitführung Finanzrechnung]

D. Kaufmännische Buchführung

Die doppelte Buchführung, wie sie bei den Gemeinden in Nordrhein-Westfalen Anwendung findet und in den vorangegangenen Kapiteln beschrieben wurde, basiert auf der doppelten kaufmännischen Buchführung, die seit langem in der Privatwirtschaft Verwendung findet. Die kaufmännische Buchführung ist in ihrer Ausgestaltung durch handelsrechtliche (HGB) und steuerrechtliche (EStG) Normen und Gewohnheitsrecht (GoB) geprägt. Für die Rechnungslegung der Gemeinden und Gemeindeverbände sind die Vorschriften der Gemeindeordnung und die GoB maßgebend. Insbesondere auf Grund der unterschiedlichen Normierungen in den Bereichen der Kommunalverwaltung und der Privatwirtschaft ergeben sich zwischen der Buchführung bei den Gemeinden und in der Privatwirtschaft einige Unterschiede im Detail. Im Folgenden soll auf die wesentlichen Besonderheiten der kaufmännischen Buchführung im Unterschied zu den bisherigen Ausführungen hingewiesen werden.

1. Anwendungsbereiche im Konzern Stadt

Wie bereits dargestellt, gilt für die Haushaltswirtschaft und damit auch das Rechnungswesen der Gemeinden und Gemeindeverbände der 8. Teil der Gemeindeordnung NRW. Die Gemeinde selbst als Körperschaft des öffentlichen Rechts führt ihr Rechnungswesen daher nach diesen Vorschriften. Tatsächlich erfüllen die meisten Städte und Gemeinden ihre Aufgaben jedoch in unterschiedlichen Rechtsformen. Die am häufigsten gewählten Rechtsformen für solche formalen oder materiellen Ausgliederungen sind:

- Eigenbetrieb
- Anstalt des Öffentlichen Rechts
- GmbH
- AG

Während die Gemeinde bei der Rechtsform des Eigenbetriebs nach § 19 Abs. 2 S. 2 EigVO die Buchführung wahlweise nach handelsrechtlichen Grundsätzen oder nach den Vorschriften der GO und KomHVO anwenden kann, ist bei den drei anderen Rechtsformen die Anwendung der Vorschriften des Handelsgesetzbuches (HGB) zwingend.

Die Anwendung typisch kaufmännischer Buchungen kann sich aber auch alleine aus steuerrechtlichen Vorschriften ergeben. Dies ist insbesondere dann der Fall, wenn die Gemeinde bei ihrer Aufgabenerfüllung umsatzsteuerpflichtig wird. Eine Umsatzsteuerpflicht liegt bei den Kapitalgesellschaften (GmbH, AG) immer vor. Aber auch, wenn die Gemeinde als juristische Person des öffentlichen Rechts tätig wird, kann ausnahmsweise eine Umsatzsteuerpflicht vorliegen, wenn innerhalb der Gemeinde

- eine Einrichtung
- sich nachhaltig wirtschaftlich betätigt
- indem sie am allgemeinen wirtschaftlichen Verkehr teilnimmt

- um Einnahmen zu erzielen
- und es sich dabei um eine wirtschaftlich herausgehobene Tätigkeit innerhalb der Gesamtbetätigung handelt.

Steuerrechtlich spricht man in diesen Fällen von einem „Betrieb gewerblicher Art“.[1] Beispiele für solche Betriebe gewerblicher Art (BgA) sind u.a. Kantinen, Märkte, Freizeiteinrichtungen oder der Betrieb eines Parkhauses. Zu betonen ist dabei, dass es sich bei dem BgA nicht etwa um eine eigene Organisationsform, sondern lediglich um ein steuerrechtliches Konstrukt zur Abgrenzung eines steuerpflichtigen und eines nicht-steuerpflichtigen Teils einer Körperschaft handelt.

Spätestens ab 2023 kommt dem Themenbereich der Umsatzsteuerpflicht der juristischen Personen des öffentlichen Rechts noch größere Bedeutung zu. Die eigentlich bereits seit 2017 dazu geltenden Neuregelungen im Umsatzsteuerrecht haben fast alle Gemeinden in NRW vorübergehend umgangen. Dies war für sie durch eine Entscheidung, auf die bis 31.12.2020 befristete Weitergeltung des bisherigen § 2 Abs. 3 UStG zu optieren, möglich. Durch das Corona-Steuerhilfegesetz[2] wurde diese Möglichkeit im Sommer 2020 nochmals bis zum 31.12.2022 verlängert.

Ab 2023 kommt es auch für die optierenden Gemeinden für die Umsatzsteuerpflicht nun nicht mehr darauf an, ob die Leistungserbringung innerhalb eines „Betriebs gewerblicher Art“ erfolgt. Zukünftig ist allein entscheidend, ob es sich bei der erbrachten Leistung um eine steuerbare, d.h. nicht nach § 4 UStG steuerbefreite Leistung handelt.

Für Gemeinden und Gemeindeverbände relevante Ausnahmen davon regelt zukünftig ausschließlich § 2 b UStG.

Nach dieser Vorschrift sind demnach nur noch Leistungen nicht umsatzsteuerpflichtig, wenn

- eine juristische Person des öffentlichen Rechts diese erbringt,
- die Tätigkeit im Rahmen der öffentlichen Gewalt ausgeübt wird,
- eine Nichtbesteuerung nicht zu größeren Wettbewerbsverzerrungen führt und
- es sich nicht um eine sog. Katalogtätigkeit handelt.

Bei den Katalogtätigkeiten, die im § 2b Abs. 4 UStG aufgelistet sind, handelt es sich immer um eine umsatzsteuerpflichtige Tätigkeit, soweit die weiteren Voraussetzungen des § 2 Abs. 1 UStG vorliegen.

---

[1] Vgl. § 4 KStG.

[2] Vgl. § 27 Abs. 22a UStG

2. Abweichungen von der Buchführung im NKF

Die Abweichungen von der bisher dargestellten Art der Buchführung ergeben sich aus den jeweils anzuwendenden Rechtsnormen. Dabei sind insbesondere folgende Besonderheiten zu beachten:

- Verzicht auf die Mitführung der Finanzrechnung,
- Berücksichtigung der Umsatzsteuer,
- Berücksichtigung steuerrechtlicher Abschreibungsregeln.

Während der Verzicht auf die Finanzrechnung für alle Einrichtungen gilt, die ihre Buchführung nicht nach kommunalem Haushaltsrecht führen müssen, gilt die Berücksichtigung der steuerrechtlichen Regelungen entsprechend der jeweiligen Steuerpflicht. So kann es z.B. vorkommen, dass eine Gemeinde innerhalb der Kernverwaltung bei einer steuerpflichtigen Leistung die Umsatzsteuer separat erfassen muss, die Finanzrechnung aber weiterhin mitführen muss. Umgekehrt kann in einer Anstalt des öffentlichen Rechts auf die Mitführung der Finanzrechnung verzichtet werden ohne dass die Umsatzsteuer bei der buchhalterischen Erfassung in jedem Fall Berücksichtigung finden muss.

2.1 Verzicht auf die Mitführung der Finanzrechnung

Eine direkte und zahlungsartenscharfe Erfassung von Ein- und Auszahlungen bei der Buchung ist für das kaufmännische Rechnungswesen unüblich. Während § 28 Abs. 4 KomHVO eine direkte Mitführung der Finanzrechnung für die Gemeinden und Gemeindeverbände ausdrücklich fordert, fehlt eine solche Regelung im Handels- oder Steuerrecht. Alle Einrichtungen, die ihre Buchführung nicht nach den haushaltsrechtlichen Vorschriften vornehmen müssen, können daher auf die statistische Mitführung der Finanzrechnung bei der Bebuchung der Finanzmittelkonten (Bank oder Kasse) verzichten.

2.2 Berücksichtigung der Umsatzsteuer

2.2.1 Allgemeines

Die Umsatzsteuer gehört neben der Einkommensteuer zu den aufkommensstärksten Steuerarten. Als **Verkehrssteuer** wird bei der Umsatzsteuer in erster Linie jede Lieferung und Leistung gegen Entgelt besteuert. Daneben wird die Umsatzsteuer auch auf den Eigenverbrauch durch die Unternehmer und auf die Einfuhr von Gegenständen aus Staaten außerhalb der Europäischen Union erhoben.

In Deutschland und in allen Ländern der EU wird die Umsatzsteuer in Form einer Allphasenmehrwertsteuer erhoben. Besteuert werden dabei jeweils nur der Nettoumsatz bzw. der Mehrwert, indem bei der Berechnung der Steuerschuld die gezahlte von der vereinnahmten Umsatzsteuer abgezogen wird.

Beispiel:
Möbeltischler M kauft für einen Einzelauftrag Material im Wert von 2.000 € von seinem Lieferanten L ein. Die Rechnung von L weist neben dem Nettokaufpreis von 2.000 € noch Umsatzsteuer i.H.v. 380 € (19 %) aus. M überweist die 2.380 € an L.

Nach Fertigstellung und Auslieferung des Auftrags stellt M seinem Kunden K eine Rechnung über 3.444,74 € aus. Diese Rechnung beinhaltet bereits die Umsatzsteuer i.H.v. 19 %. Der Umsatzsteueranteil beträgt damit 19/119 der Brutto-Rechnungssumme bzw. 550 €. K bezahlt die Rechnung in bar.

Für M ergibt sich die Umsatzsteuerschuld nun aus der Differenz zwischen vereinnahmter und gezahlter Umsatzsteuer:

vom Kunden K vereinnahmte Umsatzsteuer	550 €
- an den Lieferanten L gezahlte Umsatzsteuer	- 380 €
= Umsatzsteuerschuld gegenüber dem Finanzamt	170 €

Die von einem Unternehmen an einen Lieferanten gezahlte Umsatzsteuer wird zur besseren Unterscheidung auch als **Vorsteuer** bezeichnet.

Der Steuersatz der Umsatzsteuer ist gespalten zwischen dem allgemeinen Steuersatz von 19 % und dem ermäßigten Satz von 7 %. Dem ermäßigten Satz unterliegen vor allem Lebensmittel, Bücher, Zeitungen und Leistungen des Personennahverkehrs. Daneben gibt es auch Güter und Dienstleistungen, die aus verschiedenen Gründen gänzlich von der Umsatzsteuer befreit sind. Dazu gehören u.a. die Bereitstellung von Wohnraum, Versicherungsleistungen, die Gewährung und Vermittlung von Krediten und Heilbehandlungen durch Ärzte.[3]

Der Steuersatz wird auf das Nettoentgelt bzw. den Nettokaufpreis erhoben, so dass sich beim allgemeinen Steuersatz rechnerisch folgender Zusammenhang ergibt:

	Rechnungsbetrag (netto)	100 %
+	Umsatzsteuer	19 %
=	Rechnungsbetrag (brutto)	119 %

Besonders zu beachten ist die sich daraus ergebende Berechnung der Umsatzsteuer aus dem Brutto-Rechnungsbetrag. Da der Bruttobetrag die Umsatzsteuer bereits enthält, der Umsatzsteuersatz i.H.v. 19 % sich aber auf den Nettobetrag bezieht, beträgt die Umsatzsteuer bezogen auf den Bruttobetrag jeweils 19/119.

Die Umsatzsteuer wird im Ergebnis vollständig vom Endverbraucher getragen, da sie Bestandteil des Brutto-Kaufpreises ist. Da die Steuer aber gegenüber dem Finanzamt nicht vom Endverbraucher, sondern von den Unternehmen, die an Produktion und Handel beteiligt sind, geschuldet wird, gehört sie zu den indirekten Steuern.

3 Vgl. § 4 UStG.

2.2.2 Buchhalterische Erfassung von Vorsteuer und Umsatzsteuer

Bei der buchhalterischen Erfassung der Umsatzsteuer geht es darum, die Umsatzsteuerschuld zutreffend zu ermitteln und abzubilden. Dies erfolgt dadurch, dass die von Kunden vereinnahmte Umsatzsteuer als Verbindlichkeiten gegenüber dem Finanzamt (Konto 373) und die an Lieferanten gezahlte Umsatzsteuer als Forderungen gegenüber dem Finanzamt (Konto 176) erfasst werden. Spätestens zum Jahresende werden dann die Forderungen mit den Verbindlichkeiten verrechnet und die verbleibende Zahllast ermittelt und ausgeglichen[4].

Ausgehend von dem oben bereits erwähnten Beispiel ergeben sich folgende Buchungen:

Buchungsbeispiele:

1. Möbeltischler M kauft für einen Einzelauftrag Material im Wert von 2.000 € von seinem Lieferanten L ein. Die Rechnung von L weist neben dem Nettokaufpreis von 2.000 € noch Umsatzsteuer i.H.v. 380 € (19 %) aus.

Buchung:

525 Materialaufwand	2.000 €			
176 Vorsteuer	380 €	an	352 Verbindlichkeiten LL	2.380 €

2. Nach Fertigstellung und Auslieferung des Auftrags stellt M seinem Kunden K eine Rechnung über 3.444,74 € aus. Diese Rechnung beinhaltet bereits die Umsatzsteuer i.H.v. 19 %. Der Umsatzsteueranteil beträgt damit 19/119 der Brutto-Rechnungssumme bzw. 550 €. K bezahlt die Rechnung in bar.

Buchung:

182 Kasse	3.444,74 €	an	441 Umsatzerlöse	2.894,74 €
			373 Umsatzsteuer	550,00 €

2.2.3 Umsatzsteuerkorrekturen bei Preisnachlässen

Besondere Aufmerksamkeit muss der Umsatzsteuer immer dann gewidmet werden, wenn umsatzsteuerpflichtige Geschäftsvorfälle nachträglich korrigiert werden. Dies ist insbesondere bei nachträglichen Preisnachlässen, wie z.B. bei Skontogewährung oder bei Mängelrügen der Fall. Durch den Preisnachlass reduziert sich das umsatzsteuerpflichtige Netto-Entgelt, so dass sich auch die Forderung (bei Vorsteuer) bzw. Verbindlichkeit (bei Umsatzsteuer) gegenüber dem Finanzamt reduziert.

Jeder nachträgliche Preisnachlass muss daher im Falle der Umsatzsteuer auch zur buchhalterischen Korrektur der betroffenen Steuerkonten führen.

---

[4] Vgl. hierzu die Ausführungen im Teil E.

Buchungsbeispiel:

Die Stadtwerke GmbH erhält am 26.01. für durchgeführte Malerarbeiten an einem Umspannwerk eine Eingangsrechnung über 4.000 € netto vom Malermeister Meier. Meier gewährt bei Zahlung innerhalb von 10 Tagen 2 % Skonto.

Buchung:

521 Grundstücksinstandhaltung	4.000 €			
176 Vorsteuer	760 €	an	352 Verbindlichkeiten LL	4.760 €

Am 03.02. überweist die Stadtwerke GmbH unter Abzug des Skontos den Rechnungsbetrag i.H.v. 4.664,80 €. Durch die Inanspruchnahme des Skontos reduziert sich der zu berücksichtigende Netto-Rechnungsbetrag um 80 € (4.000 € x 2 %). Gleichzeitig reduziert sich auch die anteilige Vorsteuer um 15,20 € (760 € x 2 %).

Buchung:

352 Verbindlichkeiten LL	4.760 €	an	181 Bank	4.664,80 €
			521 Grundstücksinstandh.	80,00 €
			176 Vorsteuer	15,20 €

Handelt es sich bei dem Geschäftsvorfall um die Beschaffung von Anlagevermögen (Investition), wird die Korrektur auf dem entsprechenden Anlagenkonto durchgeführt.

Bei selbst gewährten Preisnachlässen erfolgt die Korrektur entsprechend auf dem Verbindlichkeitenkonto (Konto 373, Umsatzsteuer).

Buchungsbeispiel:

Die Stadtwerke GmbH verschickt am 06.02 an den Gewerbetreibenden G eine Rechnung für besondere Hausanschlussarbeiten über 6.000 € netto. Die Stadtwerke gewähren ihren Kunden bei Zahlung innerhalb von 10 Tagen 2 % Skonto.

Buchung:

171 Forderungen LL	7.140 €	an	441 Umsatzerlöse	6.000 €
			373 Umsatzsteuer	1.140 €

Am 10.02. zeigt der Kontoauszug der Stadtwerke GmbH, dass G den Betrag von 6.997,20 € unter Berücksichtigung der Skontogewährung überwiesen hat. Zum buchhalterischen Ausgleich der Forderung müssen auch die Umsatzerlöse und die Umsatzsteuerverbindlichkeit um jeweils 2 % korrigiert werden.

Buchung:

181 Bank	6.997,20 €			
441 Umsatzerlöse	120,00 €			
373 Umsatzsteuer	22,80 €	an	171 Forderungen LL	7.140 €

2.2.4 Berücksichtigung der Umsatzsteuer beim Verkauf von Anlagevermögen

Als zusätzliche Besonderheit ist darauf zu achten, dass bei bestehender Umsatzsteuerpflicht auch die Veräußerung von Gegenständen des Anlagevermögens bei der Ermittlung der Umsatzsteuerzahllast berücksichtigt werden muss. Da bei der Beschaffung des Vermögensgegenstandes Vorsteuer geltend gemacht werden konnte, unterliegt bei einer späteren Veräußerung der volle Veräußerungserlös ebenfalls der Umsatzsteuer. Der zum Zeitpunkt der Veräußerung noch verbliebene Restbuchwert des Vermögensgegenstands spielt dagegen für die Ermittlung der Umsatzsteuer keine Rolle.

Buchungsbeispiel:

Die Stadtwerke GmbH verkauft einen Dienstwagen für 2.000 € brutto an eine Mitarbeiterin gegen Rechnung. Der Buchwert des Fahrzeugs betrug bei Veräußerung noch 1.750 €.

Der vereinbarte Bruttokaufpreis von 2.000 € (119 %) setzt sich aus dem Nettokaufpreis von 1.680,67 € (100 %) und der abzuführenden Umsatzsteuer von 319,33 € (19 %) zusammen. Da der Nettokaufpreis unterhalb des Buchwerts liegt, ergibt sich in Höhe dieser Differenz ein Aufwand aus der Veräußerung des Anlagevermögens.

Buchung:

171 Forderungen LL	2.000,00 €			
545 Verluste Abgang Anlageverm.	69,33 €	an	074 Fahrzeuge	1.750,00 €
			373 Umsatzsteuer	319,33 €

Liegt der Nettokaufpreis über dem Buchwert ergibt sich statt des Aufwands (Konto 545) ein Ertrag (Konto 451) in Höhe der Differenz, der im Haben erfasst wird.

2.3 Berücksichtigung steuerrechtlicher Abschreibungsregeln

In der Buchführungspraxis der Privatwirtschaft spielten in der Vergangenheit steuerrechtliche Aspekte eine erhebliche Rolle, da der handelsrechtliche Jahresabschluss häufig auch für die Ermittlung der Steuern herangezogen werden konnte. Möglich wurde dies durch die Anwendung der steuerrechtlichen Vorschriften in den Handelsbilanzen. Dieses Prinzip der „umgekehrten Maßgeblichkeit“ wurde durch das Bilanzrechtsmodernisierungsgesetz abgeschafft. Das bedeutet aber lediglich, dass steuerrechtlich zulässige Bewertungen nur dann nicht mehr in die Handelsbilanz übernommen werden dürfen, wenn sie den handelsrechtlichen Grundsätzen ordnungsmäßiger Buchführung widersprechen. Tatsächlich kann man daher in der Buchungspraxis noch viele steuerrechtliche Vorgaben wiederfinden. Im Hinblick auf Abweichungen von der Buchführung in den Kommunalverwaltungen fallen dabei insbesondere zwei Besonderheiten ins Auge.

2.3.1 Geringwertige Wirtschaftsgüter (GWG)

Für die Gemeinden und Gemeindeverbände bietet § 36 Abs. 3 KomHVO hinsichtlich der Behandlung und Abschreibung geringwertiger Vermögensgegenstände Vereinfachungsmöglichkeiten als Wahlrechte. Unter den dort näher dargelegten Voraussetzungen können Vermögensgegenstände des Anlagevermögens mit Anschaffungskosten von unter 800 € netto direkt als Aufwand erfasst werden.

Durch Änderung des § 6 EStG gelten seit 2018 für Unternehmen, die einkommen- oder körperschaftsteuerpflichtig sind, steuerliche Besonderheiten. Ohne hier auf die Einzelheiten eingehen zu können, lässt sich vereinfachend feststellen, dass nach diesen Regeln bei Vorliegen der sonstigen Voraussetzungen

- bei Anschaffungskosten bis 800 € (netto) ein Ansatz als Betriebsausgaben („Sofortabzug") im Jahr der Anschaffung zulässig ist (§ 6 Abs. 2 EStG), wobei bei Anschaffungskosten über 250 € eine verschärfte Aufzeichnungspflicht besteht

oder alternativ nach Abs. 2a

- bei Anschaffungskosten zwischen 250,01 € und 1.000 € alle Zugänge eines Jahres in einem Sammelposten erfasst werden können, der, unabhängig vom weiteren Verbleib dieser Güter im Unternehmen, gleichmäßig über 5 Jahre abgeschrieben wird.

Die Regelung mit den Sammelposten wird im Hinblick auf die Einhaltung der handelsrechtlichen GoB zwar zum Teil kritisch beurteilt, überwiegend wird jedoch die Übernahme in die Handelsbilanz als unkritisch angesehen, wenn der Sammelposten insgesamt von untergeordneter Bedeutung ist. Im Ergebnis bestimmen daher diese geänderten Vorschriften für GWG die Buchungspraxis in der Privatwirtschaft.

Da diese Regelungen in den letzten Jahren aus verschiedenen Gründen immer wieder ausgesetzt und geändert wurden, soll hier auch im Hinblick auf die Orientierung an den Inhalten des Bachelorstudiengangs auf die Einzelheiten der steuerlichen Abschreibung geringwertiger Wirtschaftsgüter nicht näher eingegangen werden.

3. Übungsaufgabe

Bei der Stadtwerke R GmbH ergeben sich im laufenden Jahr folgende Geschäftsvorfälle:

1. Die Januar-Gehälter der Angestellten sind zum 31.01. fällig. Die Brutto-Gehälter betragen insgesamt 900.000 €. Darin enthalten sind die Arbeitnehmer-Anteile zu den Sozialversicherungsbeiträgen i.H.v. 186.000 € und die Lohnsteuer i.H.v. 126.000 €. Der Arbeitgeber-Anteil zu den Sozialversicherungsbeiträgen beträgt 175.000 €. Alle Beträge werden rechtzeitig überwiesen.

2. Die Stadtwerke GmbH erwirbt einen neuen Schreibtisch für den Geschäftsführer. Der Kaufpreis beträgt 4.000 € zzgl. Ust. Der Schreibtisch wird am 04.02. geliefert. Am selben Tag geht auch die Rechnung ein. Für den Transport berechnet der Büromöbelhändler zusätzlich pauschal 100 € netto. Gemäß der Zahlungsbedingungen gewährt der Händler 2 % Skonto auf den Rechnungsbetrag bei Zahlung innerhalb von 10 Tagen.

3. Am 06.02. wird der fällige Rechnungsbetrag nach Skontoabzug an den Händler überwiesen.

4. Ein altes Notebook der Stadtwerke GmbH wird von einem Praktikanten am 25.02. gekauft. Der vereinbarte Kaufpreis i.H.v. 200 € wird in bar bezahlt. Das alte Notebook hat zum Verkaufszeitpunkt einen Erinnerungsbuchwert von 1 €.

5. Die Stadtwerke GmbH kauft am 05.03. für 2.000 € Material auf Ziel, das zunächst gelagert wird. Der Rechnungsbetrag beinhaltet 19 % Umsatzsteuer.

6. Die Stadtwerke GmbH bestellt am 10.06. einen neuen PC für die Controllingabteilung. Der Katalogpreis beträgt 1.200 € brutto.

7. Der PC wird am 30.06. ordnungsgemäß geliefert. Die Rechnung über 1.200 € zzgl. Versandpauschale von 12 € brutto liegt bei.

8. Der Rechnungsbetrag für den PC wird am 15.07. überwiesen.

9. Auf telefonische Nachfrage stellt sich heraus, dass der PC-Lieferant einen Rabatt i.H.v. 5 % auf den Katalogpreis gewährt. Der überzahlte Betrag wird zurücküberwiesen und geht am 20.07. auf dem Konto der Stadtwerke GmbH ein.

Aufgabe:

Geben Sie die Buchungssätze für diese Geschäftsvorfälle an. Wenn die Abwicklung in mehreren Schritten erforderlich ist, stellen Sie die einzelnen Schritte buchhalterisch dar.

Lösung:

1.

a) Lohnabrechnung und Überweisung SV-Anteile am 25.01.:

502 Dienstbezüge tarifl. Besch.	900.000 €			
505 SV-Beiträge (AG-Anteil)	175.000 €	an	181 Bank	361.000 €
			375 Verb.ggü. Beschäft.	588.000 €
			371 Steuerverbindl.	126.000 €

b) Auszahlung an die Angestellten am 30.01.:

375 Verbindlichkeiten ggü. Besch.	588.000 €	an	181 Bank	588.000 €

c) Überweisung der Lohnsteuer am 08.02.:

371 Steuerverbindlichkeiten	126.000 €	an	181 Bank	126.000 €

2.

081 BGA	4.100 €			
176 Vorsteuer	779 €	an	352 Verbindl. LL	4.879 €

3.

352 Verbindl. LL	4.879 €	an	181 Bank	4.781,42 €
			081 BGA	82,00 €
			176 Vorsteuer	15,58 €

4.

182 Kasse	200 €	an	081 BGA	1 €
			373 Umsatzsteuer	31,93 €
			451 Ertr. Anlagenabgang	167,07 €

5.

151 RHB	1.680,67 €		
176 Vorsteuer	319,33 €	an 352 Verbindl. LL	2.000 €

6.

Keine Buchung, weil durch die Bestellung noch keine Schuld- oder Vermögensposition entsteht.

7.

081 BGA	1.018,49 €		
176 Vorsteuer	193,51 €	an 352 Verbindl. LL	1.212 €

8.				
352 Verbindl. LL	1.212 €	an	181 Bank	1.212 €

9.				
181 Bank	60 €	an	081 BGA	50,42 €
		an	176 Vorsteuer	9,58 €

E. Durchführung des Jahresabschlusses

1. Beachtung der Grundsätze ordnungsmäßiger Bilanzierung

Auf Grundlage der Grundsätze ordnungsmäßiger Buchführung bestehen speziell für den Jahresabschluss diesbezügliche Konkretisierungen in Form der Grundsätze ordnungsmäßiger Bilanzierung (GoBi). Diese Grundsätze gelten gleichermaßen im kaufmännischen Rechnungswesen als auch im NKF.

Für das NKF hat der Landesgesetzgeber teilweise in der KomHVO bereits Inhalte der Grundsätze ordnungsmäßiger Bilanzierung normiert. § 33 Abs. 1 Satz 1 KomHVO verweist hinsichtlich der Bilanzierungsgrundsätze zudem auf die Anwendung der Grundsätze ordnungsmäßiger Buchführung, die sich im kaufmännischen Rechnungswesen entwickelt haben. Des Weiteren werden die wichtigsten Bewertungsgrundsätze im Satz 2 benannt. Nach § 33 Abs. 2 KomHVO darf von den genannten Grundsätzen nur in begründeten Ausnahmefällen abgewichen werden.

1.1 Bilanzkontinuität / Bilanzidentität

Die Bilanzkontinuität beinhaltet die Beibehaltung von bestehenden Festlegungen zum Bilanzierungsverfahren. So müssen grundsätzlich die Bilanzgliederung, die Bilanzinhalte sowie die Bewertungs- und Abschreibungsfaktoren beibehalten werden. Aus dem Grundsatz der Bilanzidentität ergibt sich die Verpflichtung, die formelle Übereinstimmung (Bilanzposten) sowie die materielle Übereinstimmung (Bilanzwerte) zweier aufeinander folgenden Bilanzen sicherzustellen. Dies greift § 33 Abs. 1 Satz 2 Nummer 1 KomHVO auf, wonach die im Rahmen eines Jahresabschlusses ermittelten Bilanzansätze immer mit den Bilanzansätzen zu Beginn des folgenden Haushaltsjahres übereinstimmen müssen.

1.2 Einzelbewertung

Der Grundsatz der Einzelbewertung ist sowohl im Handels- als auch im Steuerrecht verankert. Er bildet die Grundlage für eine einzelwertbezogene Ermittlung der Abschreibungen und zugehöriger Wertveränderungen. Auch der Landesgesetzgeber hat dies im § 33 Abs. 1 Satz 2 Nummer 2 KomHVO verankert, wonach Vermögensgegenstände grundsätzlich einzeln zu bewerten sind. Ausnahmen hiervon ergeben sich aus den folgenden Vereinfachungsverfahren:

- Festwertbewertung[1] nach § 29 Abs. 1 Nr. 1 KomHVO und
- Gruppenbewertung[2] nach § 29 Abs. 1 Nr. 3 KomHVO

---

1 Siehe auch Kapitel C. 3.1.6.

2 Siehe auch Kapitel C. 3.1.7.

Des Weiteren wird kommunalspezifisch im § 29 Abs. 1 Nr. 2 KomHVO für forstwirtschaftlichen Aufwuchs als Vereinfachungsverfahren ein pauschaliertes Festwertverfahren ermöglicht. Für dieses gilt gleichfalls abweichend von den üblichen Inventurfristen, dass nur alle 10 Jahre eine Revision und alle 20 Jahre eine Neuberechnung des Forsteinrichtungswerks erfolgen muss.

1.3 Stichtagsprinzip

Der Jahresabschluss stellt auf die Verhältnisse des Bilanzierungsstichtages 31.12. des abzuschließenden Haushaltsjahres ab. Besondere Bedeutung hat hierbei, dass nachträglich bekannt gewordene Informationen über objektiv zum Bilanzstichtag bestehende Sachverhalte bzw. Verhältnisse einzubeziehen sind. Diese Besonderheit ist das Wertaufhellungsprinzip, da durch nachträglich bekannt gewordene Informationen sich die Qualität der Jahresabschlussaussagen, aufgrund nunmehr festsehender Angaben, verbessert bzw. wertmäßig erhellt hat. So ist kaufmännische Praxis, vor Bildung wesentlicher wertmäßiger Rückstellungen die Rechnungseingänge im Januar des Folgejahres abzuwarten, um für den Jahresabschluss durch die zeitlich-nachträgliche Information betraglich exakte Verbindlichkeiten ausweisen zu können.

1.4 Vorsichtsprinzip / Kommunales Wirklichkeitsprinzip

Das kaufmännische Vorsichtsprinzip umfasst mehrere Ausprägungen. Ein Element ist das Realisationsprinzip[3], wonach zum Schutz der Anleger nur realisierte Forderungen, Gewinne oder Wertsteigerungen bilanziert werden dürfen.

Beispiel:
Eine ertragswirksame Buchung von Gebühren kann erst nach dem Realisationsakt Bescheidversendung erfolgen.

Mit dem gleichen Schutzgedanken erfolgt nach dem Imparitätsprinzip[4] im Schuldenbereich bereits schon ein bilanzieller Ansatz und Ausweis von vorhersehbaren Risiken und noch nicht realisierten wahrscheinlichen Verlusten. In der Regel erfolgt dies buchhalterisch durch die Bildung einer Rückstellung.

Beispiel:
Eine Gebührensatzung der Gemeinde A wurde in letzter verwaltungsgerichtlicher Instanz als rechtswidrig erklärt, weil in der Kalkulation der Gebühren bestimmte Kosten nicht ansatzfähig sind. Die zu viel erhobenen Gebühren hat die Gemeinde A den Gebührenzahlern aufgrund der vorliegenden Widersprüche zu erstatten. Die Gemeinde G hat die gleichen Kosten in seiner Kalkulation berücksichtigt. Es ist

---

3 Nach § 33 Abs. Nr. 3 KomHVO sind Gewinne nur zu berücksichtigen, wenn sie am Abschlussstichtag realisiert sind.

4 § 33 Abs. 1 Nr. 3 KomHVO sieht zwar vor wirklichkeitsgetreu zu bewerten, wobei alle vorhersehbaren Risiken und Verluste, die bis zum Abschlussstichtag entstanden sind, zu berücksichtigen sind, selbst wenn diese erst zwischen dem Abschlussstichtag und dem Tag der Aufstellung des Jahresabschlusses bekannt geworden sind.

wahrscheinlich, dass in einem Klageverfahren auch die Gebührensatzung der Gemeinde G für rechtswidrig erklärt wird und eine Gebührenerstattung erfolgen muss. Aufgrund dieser wahrscheinlich entstehenden Verpflichtung hat die Gemeinde G in Höhe der zu erstattenden Gebühren eine Rückstellung zu bilden.

Das Niederstwertprinzip für den Vermögensansatz berücksichtigt Minderungen bei bestehenden bilanziellen Vermögenswerten. Beim Anlagevermögen gilt das gemilderte Niederstwertprinzip, wonach für eine Herabsetzung des Vermögenswertes beim Anlagevermögen eine dauerhafte Wertminderung bestehen muss. Beim Umlaufvermögen gilt das strenge Niederstwertprinzip, wonach auch bei vorübergehenden Wertminderungen der niedrigere Wert zu bilanzieren ist.[5]

Beispiel für das strenge Niederstwertprinzip:
Die Gemeinde G unterhält für ihre Fahrzeuge auf dem Betriebshof eine eigene Tankstelle. Aufgrund des sinkenden Dollarkurses sind die Preise für Benzin erheblich gesunken. Im Rahmen der Bilanzierung hat die Gemeinde G den am Bilanzstichtag bestehenden niedrigeren Wert des Benzins zu berücksichtigen.

Dagegen gilt für Wertsteigerungen, dass diese am Abschlussstichtag realisiert sein müssen. Im Rahmen des Anschaffungswertprinzips bilden die Anschaffungskosten, insbesondere bei Zuschreibungen, wertmäßig die Obergrenze für den Bilanzansatz.

Beispiel:
Gleicher Sachverhalt wie beim vorherigen Beispiel. Bei der Bilanzierung im Folgejahr liegt der Wert für Benzin am Bilanzstichtag jedoch weit über den Anschaffungskosten. Aufgrund des Anschaffungswertprinzips kann der Bilanzansatz nur bis zur Höhe des Wertes der Anschaffung erfolgen. Darüber hinaus gehende Wertsteigerungen dürfen nicht im Bilanzansatz berücksichtigt werden.

Für den Schuldenbereich gilt im Rahmen des Vorsichtsprinzips das Höchstwertprinzip. Bestehen für Schulden mehrere mögliche Bilanzwerte (z. B. aufgrund von Wechselkursen), erfolgt nach dem Höchstwertprinzip für Schulden stets der höchstmögliche Wertansatz.

Beispiel:
Die Gemeinde G hat aufgrund des stabilen Wechselkurses des Schweizer Franken zum Euro und der günstigen Zinskonditionen in der Schweiz ein Kommunaldarlehen in Schweizer Franken aufgenommen. Der Wechselkurs des € zum Schweizer Franken verschlechtert sich erheblich. Danach muss die Gemeinde G in ihrer Bilanz auf der Grundlage des verschlechterten Wechselkurses einen höheren Stand ihrer Kreditverbindlichkeiten ausweisen.

§ 91 Abs. 4 Nr. 4 GO bzw. § 33 Abs. 1 Nr. 3 KomHVO bestimmen eine wirklichkeitsgetreue Bewertung, wobei aber alle vorgenannten Prinzipien in diesem Rahmen weiterhin vollumfänglich anwendbar sind. Dieser kommunalspezifische Grundsatz einer wirklichkeitsgetreuen Bewertung entfaltet seine Bedeutung bei aktuellen Wertbestimmungen (beispielsweise § 36 Abs. 5 KomHVO Neubewertung unter Einbeziehung der nunmehr zulässigen Aktivierung von Erhaltungs- und Instandsetzungsaufwendungen[6], § 37 KomHVO Höhe der Rückstellungen,

---

[5] § 36 Abs. 6 und 8 KomHVO; siehe auch Kapitel C. 3.1.3.

[6] Siehe hierzu auch Kapitel 3.1.2, Veränderung der planmäßigen Abschreibungen

Wertfeststellung bei Sachschenkungen), wobei der Fokus auf der realitätsorientierten Ermittlung des Wertes liegt.

1.5 Periodisierungsprinzip

Nach § 33 Abs. 1 Nr. 4 KomHVO sind entsprechend dem Periodisierungsprinzip im Haushaltsjahr die entstandenen Aufwendungen und erzielten Erträge unabhängig von den Zeitpunkten der entsprechenden Zahlung im Jahresabschluss zu berücksichtigen.[7]

1.6 Stetigkeit der Bewertungsmethode

Nach § 34 Abs. 1 Nr. 5 KomHVO sollen die auf den vorhergehenden Jahresabschluss angewandten Bewertungsmethoden beibehalten werden. Das bedeutet, dass die einmal im Rahmen der Abschreibungsplanung bei der Anschaffung oder Herstellung festgelegten Bewertungs- und Abschreibungsmethoden für jeden Vermögensgegenstand grundsätzlich bindend sind. Ein späterer Wechsel der festgelegten Methoden ist ohne besonderen Grund nicht zulässig. Die Stetigkeit der Bewertungsmethode gilt auch für die im kommunalen Rechnungswesen vorgesehene kommunale Abschreibungstabelle. So sieht § 36 Abs. 4 KomHVO vor, dass unter Berücksichtigung der tatsächlichen örtlichen Verhältnisse die Bestimmung der jeweiligen Nutzungsdauer so vorzunehmen ist, dass eine Stetigkeit für zukünftige Festlegungen von Abschreibungen gewährleistet wird.

1.7 Vollständigkeit

Nach den Grundsätzen ordnungsmäßiger Buchführung sind im Rahmen der Bilanzierung grundsätzlich sämtliches Vermögen und sämtliche Schulden zu bilanzieren. Maßstab für die Vermögensbilanzierung ist, dass der Kommune das wirtschaftliche Eigentum zu zurechnen ist. Einschränkungen hinsichtlich des Vollständigkeitsgrundsatzes ergeben sich nur auf der Grundlage der Ausübung von eingeräumten Wahlrechten oder Bilanzierungsverboten (z.B. selbst geschaffenes immaterielles Vermögen; siehe auch § 44 Abs. 1 KomHVO).

1.8 Saldierungsverbot

Nach § 42 Abs. 2 KomHVO sowie dem speziellen Regelungsinhalt des § 44 Abs. 5 KomHVO zu Zuwendungen und Beiträge für Investitionen dürfen die Werte der Vermögensgegenstände nicht mit erhaltenen Investitionsförderungen (aktivische Minderung), erhaltenen Beiträgen oder selbstständig zu bewertenden Schulden verrechnet werden.

---

7 Das Periodisierungsprinzip mittels Periodenabgrenzung und Rückstellungen ist im Kapitel 3 dargestellt.

2. Buchhalterische Durchführung des Jahresabschlusses

2.1 Theoretische Herleitung im kaufmännischen Rechnungswesen

Der Jahresabschluss ist die Umkehrung des Prozesses der Eröffnungsbilanzierung bzw. des Bewirtschaftungsbeginns. Es werden die einzelnen Bestands- und Bewirtschaftungskonten zwecks Ermittlung des Ergebnisses und der Bestandsveränderungen zusammengefasst. Elemente der Herleitung sind die Bestandskonten, wobei das Kapitalkonto eine eigene Funktion erfüllt, die Erfolgskonten, das GuV-Konto mit einem ggf. vorgeschalteten Bestandsveränderungskonto, als „Unterkonto" des Kapitalkontos und als zentrales Abschlusselement das Schlussbilanzkonto. Nachfolgende fasst die Elemente und den Ablauf des buchhalterischen Jahresabschlusses zusammen:

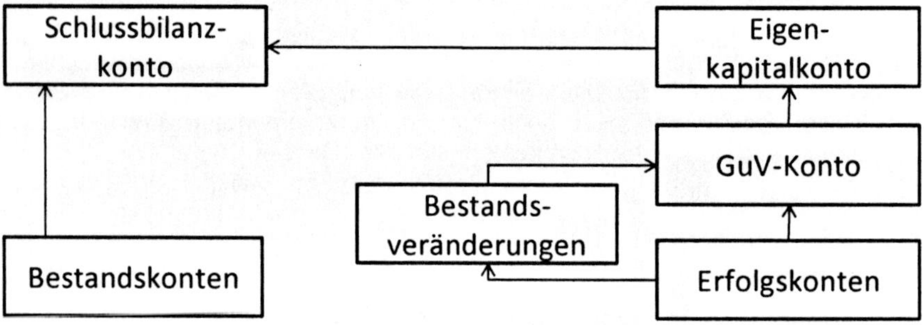

Bei intensiver Bestandsbewirtschaftung von unfertigen und fertigen Erzeugnissen des Umlaufvermögens werden die Erträge oder Aufwendungen aus Bestandsveränderungen aus Gründen der Übersichtlichkeit nicht unmittelbar auf dem GuV-Konto mit den anderen Erträgen oder Aufwendungen abgerechnet, sondern werden bei Bedarf in einer Zwischenrechnung auf einem zwischengeschalteten diesbezüglichen Abrechnungskonto als gesammelte Bestandsveränderungen miteinander abgerechnet und mit dem sich ergebenden Ergebnis erst dann gegenüber dem GuV-Konto abgerechnet. Minderbestände werden auf dem Konto Bestandsveränderungen im Soll und Mehrbestände im Haben erfasst.

2.1.1 Abschluss der Erfolgskonten

Die jeweils abgeschlossenen Erfolgskonten für Aufwendungen und Erträge werden an das GuV-Konto gebucht. In der nachfolgenden Darstellung erfolgen die Abschlussbuchungen unter den Kontengruppenbezeichnungen des Kontenplans HSPV.

Buchungsbeispiel (Abschluss Aufwandskonto):		
Die Personalaufwendungen von Beamten werden mit einem Saldobetrag von 12 Mio. € abgeschlossen.		
Buchung:		
803 Ergebnisrechnungskonto 12 Mio. €	an	501 Personalaufwendungen 12 Mio. €

Buchungsbeispiel (Abschluss Ertragskonto):				
Die Steuererträge Gewerbesteuer werden mit einem Saldobetrag von 14 Mio. € abgeschlossen.				
Buchung:				
403 Erträge aus Steuern	14 Mio. €	an	803 Ergebnisrechnungskonto	14 Mio. €

2.1.2 Abschluss Konto Bestandsveränderungen

Eine Besonderheit stellt bei Bedarf an zusätzlicher Transparenz ein zwischengeschalteter Abschluss der Veränderungen bei den fertigen und unfertigen Erzeugnissen dar. Dieser erfolgt auf dem Bestandsveränderungskonto 805, welches dann gegenüber dem GuV-Konto abgeschlossen wird. Die beim Jahresabschluss ermittelten Bestände werden an das Schlussbilanzkonto gebucht. Die sich ergebenden Differenzen werden an das Bestandsveränderungskonto 805 gebucht.

Buchungsbeispiel:				
Der Bestand der fertigen Erzeugnisse betrug zu Jahresbeginn 20.000 € und beim Jahresabschluss 28.000 €. Der Bestand der unfertigen Erzeugnisse betrug zu Jahresbeginn 34.000 € und beim Jahresabschluss 29.000 €.				
Buchung:				
802 Schlussbilanzkonto	28.000 €	an	154 Fertige Erzeugnisse	28.000 €
802 Schlussbilanzkonto	29.000 €	an	153 Unfertige Erzeugnisse	29.000 €
154 Fertige Erzeugnisse	8.000 €	an	805 Kto. Bestandsveränder.	8.000 €
805 Kto. Bestandsveränder.	5.000 €	an	153 Unfertige Erzeugnisse	5.000 €

Fortsetzung Buchungsbeispiel (Abschluss des Kontos Bestandsveränderungen):				
Aufgrund der Abschlussbuchungen der fertigen und unfertigen Erzeugnisse ergibt sich auf dem Konto Bestandsveränderungen ein Sollbestand von 5.000 € und ein Habenbestand von 8.000 €. Der Saldobetrag im Soll von 3.000 € wird an das Ergebnisrechnungskonto gebucht.				
Buchung:				
805 Konto Bestandsveränder.	3.000 €	an	803 Ergebnisrechnungskonto	3.000 €

2.1.3 Abschluss GuV-Konto

In der Buchführungstheorie erfolgt beim Abschluss des Ergebnisrechnungskontos eine unmittelbare Verrechnung mit dem Eigenkapitalkonto, welches nunmehr mit dieser Kapitalveränderung abgeschlossen wird und wie jedes andere Bestandskonto an das Schlussbilanzkonto gebucht wird.

Buchungsbeispiel (Abschluss Ergebnisrechnungskontos über Eigenkapitalkonto):				
Das Ergebnisrechnungskonto schließt mit einem Saldobetrag im Soll (Gewinn) von 0,1 Mio. € ab.				
Buchung:				
803 Ergebnisrechnungskonto	0,1 Mio. €	an	205 Eigenkapitalkonto	0,1 Mio. €

Buchungsbeispiel (Abschluss des Eigenkapitalkontos an Schlussbilanzkonto):				
Der Eigenkapitalbestand beträgt nach Einbeziehung des Ergebnisrechnungskontos 9 Mio. €.				
Buchung:				
205 Eigenkapitalkonto	9 Mio. €	an	802 Schlussbilanzkonto	9 Mio. €

2.1.4 Abschluss Vor- und Umsatzsteuerkonto; Bestandskonten

Im Rahmen des Bestandskontenabschlusses erfolgt beim Vorsteuer- und Umsatzsteuerkonto ein Vorabschluss zwischen beiden Konten. Das Vorsteuerkonto und das Umsatzsteuerkonto stellen Bestandskonten dar, wobei die Vorsteuer eine Forderung gegenüber dem Finanzamt und die Umsatzsteuer eine Verbindlichkeit gegenüber dem Finanzamt darstellen. Zumeist erfolgt in der Buchführungstheorie als direkte Methode der Abschluss auf dem Konto mit dem höheren Endbestand; hierbei lautet der zugehörige Buchungssatz stets „Umsatzsteuer an Vorsteuer". Teilweise erfolgt in der Buchführungstheorie der Abschluss auch auf einem separaten Umsatzsteuerverrechnungskonto, an das sowohl Vorsteuer- als auch Umsatzsteuerschlussbestand gebucht werden. Die Saldierung des Vorsteuerkontos mit dem Umsatzsteuerkonto erfolgt dann auf diesem Umsatzsteuerverrechnungskonto (USt-Verrechnungskonto). Bei beiden Methoden kann sich entweder ein Vorsteuerüberhang, somit eine sonstige Forderung, oder eine Umsatzsteuerzahllast als sonstige Verbindlichkeit ergeben.

Buchungsbeispiel (Vorsteuerüberhang - direkte Methode):				
Der saldierte Sollbestand auf dem Vorsteuerkonto beträgt 1,2 Mio. €, der saldierte Habenbestand auf dem Umsatzsteuerkonto beträgt 1,1 Mio. €.				
Buchung:				
373 Umsatzsteuer	1,1 Mio. €	an	176 Vorsteuer	1,1 Mio. €
802 Schlussbilanzkonto	0,1 Mio. €	an	176 Vorsteuer	0,1 Mio. €

Buchungsbeispiel (Umsatzsteuerzahllast über Umsatzsteuerverrechnungskonto):			
Der saldierte Sollbestand auf dem Vorsteuerkonto beträgt 0,9 Mio. €, der saldierte Habenbestand auf dem Umsatzsteuerkonto beträgt 1,0 Mio. €.			
Buchung:			
373 Umsatzsteuer 1,0 Mio. €	an	374 USt-Verrechnungskonto	1,0 Mio. €
374 USt-Verrechn.konto 0,9 Mio. €	an	176 Vorsteuer	0,9 Mio. €
374 USt Verrechn.konto 0,1 Mio. €	an	802 Schlussbilanzkonto	0,1 Mio. €

Für die Buchungen der Bestandskonten der Aktivseite an das Schlussbilanzkonto erfolgt durchgängig folgende Buchung:

Buchung:		
802 Schlussbilanzkonto	an	Bilanzkonten der Aktivseite

Für die Buchungen der Bestandskonten der Passivseite an das Schlussbilanzkonto erfolgt durchgängig folgende Buchung:

Buchung:		
Bilanzkonten der Passivseite	an	802 Schlussbilanzkonto

2.2 Praktische edv-technische Jahresabschlussdurchführung im NKF

Als erste Grundlagen des Jahresabschlusses bestehen bereits in der Bewirtschaftung durch eine begleitende Kontrolle oder durch die zusätzliche Durchführung von Vorabschlüssen in Form von Quartals- oder Monatsabschlüssen vorbereitende Abschlussmaßnahmen. In den Jahresabschluss sind alle Rechnungswesenselemente der Bewirtschaftung einzubeziehen. Einen Überblick hierzu gibt nachfolgendes Schaubild:

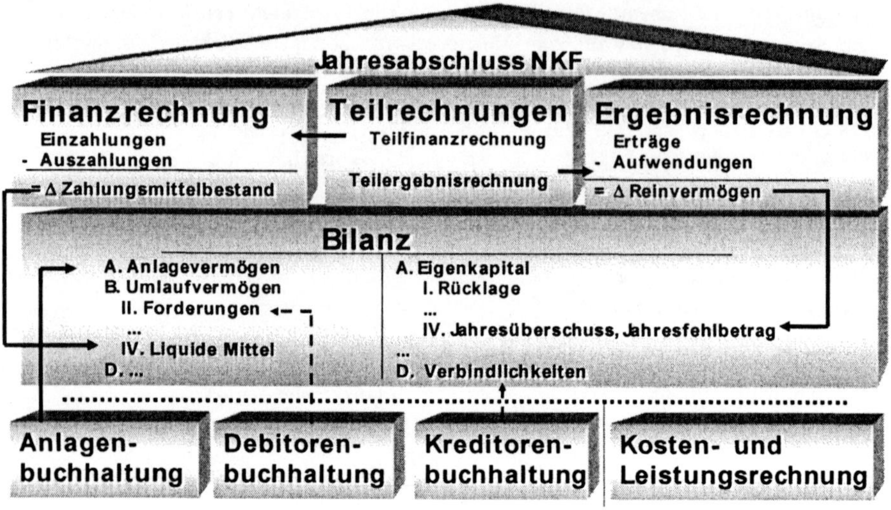

2.2.1 Nebenbuchhaltungen einschließlich KLR

Im Studienfach externes Rechnungswesen wird aus Vereinfachungsgründen auf sämtliche Bestandskonten gebucht. In der Praxis ist dies allerdings kaum möglich. Um ein ordnungsgemäßes Rechnungswesen gewährleisten zu können, bedarf es bestimmter Nebenbuchhaltungen, welche durch ihre spezifische Ausrichtung die Bilanz entlasten. Es ist beispielsweise unvorstellbar, wenn eine Großstadt 200.000 Grundbesitzabgabenbescheide als Forderungen in die Bilanz buchen und auch dort noch den Ausgleich dieser Forderungen nachhalten würde.

Die obige Abbildung zeigt die verschiedenen Jahresabschlusselemente beim Abschluss des Neuen Kommunalen Haushalts. Aus der Gesamtsystematik und den hierin bestehenden Abhängigkeiten ist hierbei eine bestimmte Reihenfolge zu beachten, wobei zunächst die Nebenbuchhaltungen und die KLR abgeschlossen werden.

Es gibt drei zentrale Nebenbuchhaltungen. Dieses sind die Anlagenbuchhaltung sowie die Debitoren- und Kreditorenbuchhaltung. In der Anlagenbuchhaltung werden aufgrund spezifischer Strukturen und Funktionalitäten alle einzeln erfassten Vermögensgegenstände des Anlagevermögens geführt. Dort werden beispielsweise sämtliche planmäßigen Abschreibungen ermittelt und an die entsprechenden Teilergebnisrechnungen weitergegeben. Ähnliches gilt für den Bereich der Forderungen (Debitorenbuchhaltung) und der Verbindlichkeiten (Kreditorenbuchhaltung), in denen aufgrund spezifischer Strukturen und Funktionalitäten personenbezogen jede Forderung bzw. Verbindlichkeit buchhalterisch geführt und deren Ausgleich nachgehalten wird.

Erster Schritt ist der Abschluss der Nebenbuchhaltungen Anlagenbuchhaltung, Debitoren- und Kreditorenbuchhaltung sowie der Kosten- und Leistungsrechnung. Die KLR wird zur Ermittlung interner Leistungsbeziehungen oder aktivierter Eigenleistungen genutzt. Daher sind zunächst sämtliche KLR-Buchungen vorzunehmen, damit die Wirkungen der internen Leistungsbeziehungen in den Teilergebnisrechnungen abgebildet werden können. Die Anlagenbuchhaltung ist die Buchungs- und Darstellungsebene für alle Vermögensgegenstände des Anlagevermögens. Sollten sich im Rahmen der Inventur bzw. des Jahresabschlusses noch wert- oder bestandsmäßige Veränderungen beim Anlagevermögen ergeben (z. B. bilanzielle Abschreibungen oder Zuschreibungen), so sind diese in der Anlagenbuchhaltung zu buchen. Dies führt dementsprechend zu Veränderungen bei den Aufwendungen oder Erträgen in den Teilergebnisplänen. In der Debitorenbuchhaltung können sich noch bei den Forderungen Wertberichtigungen ergeben, die den Forderungsbestand noch verändern. Zudem erfolgen Buchungen hinsichtlich des Ausgleichs von Forderungen und Verbindlichkeiten. Sind alle diese Veränderungen gebucht, werden die Nebenbuchhaltungen abgeschlossen.

2.2.2 Teilrechnungen

Als nächster Durchführungsschritt erfolgt der Abschluss der Teilrechnungen. Aufgrund der detailierten Kontierungen (zugehörige Teilergebnisrechnung, Teilfinanzrechnung) im Rahmen der durchgeführten Bewirtschaftungsbuchungen kann nunmehr eine Buchungsauswertung zur Erstellung der Teilrechnung erfolgen. Auf dieser Grundlage werden in den Teilergebnisrechnungen anhand der Gliederungsstruktur des § 2 i. V. m. § 4 Abs. 3 KomHVO nach § 41 Abs. 1 KomHVO die

- dem Haushaltsjahr und
- den jeweiligen Teilergebnisrechnungen

zuzurechnenden Erträge und Aufwendungen nachgewiesen. Im Vorfeld des Abschlusses der Teilergebnisrechnungen sind bereits sämtliche in Kapitel 3 dargestellten erfolgsmäßigen Abgrenzungsbuchungen des Haushaltsjahres erfolgt. Den in den Teilergebnisrechnungen nachzuweisenden Ist-Ergebnissen sind analog zur Ergebnisrechnung nach § 41 Abs. 1 Satz 2 i. V. m. § 39 Abs. 2 KomHVO die Ergebnisse der Rechnung des Vorjahres und die fortgeschriebenen Planansätze des Haushaltsjahres voranzustellen und ein Plan-/Ist-Vergleich anzufügen. Des Weiteren sind die Teilergebnisrechnungen nach § 41 Abs. 2 KomHVO jeweils um die Ist-Zahlen der in den Teilergebnisplänen ausgewiesenen Leistungsmengen und Kennzahlen zu ergänzen.

Die Teilfinanzrechnungen haben hauptsächlich die Funktion einer teilplanbezogenen Investitionsrechnung. Mittels Auswertung der diesbezüglich durchgeführten Bewirtschaftungsbuchungen über teilplanbezogene investive Einzahlungen und Auszahlungen ergibt sich eine Darstellung der durchgeführten Investitionsmaßnahmen. Hierbei erfolgt zusätzlich eine Abbildung der Summe der Einzahlungen, der Summe der Auszahlungen und des sich hieraus ergebenden Saldos. Den in den Teilfinanzrechnungen nachzuweisenden Ist-Zahlungen sind analog zur Ergebnisrechnung nach § 41 Abs. 1 Satz 2 i. V. m. § 39 Abs. 2 KomHVO die

Zahlungen der Rechnung des Vorjahres und die fortgeschriebenen Planansätze des Haushaltsjahres voranzustellen und ein Plan-/Ist-Vergleich anzufügen.

2.2.3 Finanzrechnung

In der Finanzrechnung sind nach § 40 Satz 1 KomHVO die im Haushaltsjahr eingegangenen Einzahlungen und geleisteten Auszahlungen getrennt nachzuweisen. Auch dieser Nachweis erfolgt als Auswertung der für das Haushaltsjahr durchgeführten Buchungen aufgrund der bekannten Buchungsmethodik, bei der für jede Ein- und Auszahlung eine spezifische Mitführung der Zahlungsart für die Finanzrechnung erfolgte. Hierbei muss der ermittelte Zahlungsmittelbestand der Finanzrechnung mit dem Bestand der Liquiden Mittel in der Bilanz übereinstimmen.

Für die Finanzrechnung ist nach § 40 Satz 3 KomHVO die Gliederungsstruktur des Finanzplans nach § 3 KomHVO maßgeblich. Den in der Finanzrechnung nachzuweisenden Ist-Zahlungen sind nach § 39 Satz 3 i. V. m. § 39 Abs. 2 KomHVO die Zahlungen der Rechnung des Vorjahres und die fortgeschriebenen Planansätze des Haushaltsjahres voranzustellen und ein Plan-/Ist-Vergleich anzufügen.

2.2.4 Ergebnisrechnung

Die Ergebnisrechnung ist die vollständige Darstellung aller gebuchten Erträge und Aufwendungen des Haushaltsjahres. Aufgrund der Abschlusssystematik muss die Aufsummierung aller Teilergebnisrechnungen somit das gleiche Ergebnis haben wie die Auswertung aller gebuchten Erträge und Aufwendungen. Auf der Ebene der Ergebnisrechnung müssen sich die Erträge und Aufwendungen aus internen Leistungsbeziehungen neutralisieren.

2.2.5 Bilanz

Im Rahmen des Jahresabschlusses bildet die Bilanz das zentrale Element der drei Rechnungskomponenten. Sämtliche anderen Rechnungskomponenten sind vor der Bilanz abzuschließen. Die Bilanz selbst bildet in der Praxis hierbei gleichfalls eine Auswertung aller erfolgten Buchungen für das abzuschließende Haushaltsjahr. Alle bilanzrelevanten Buchungskonten sind den einzelnen Bilanzposten zugeordnet. So ergeben sich die Vermögensposten des Anlagevermögens aus den Vermögenskonten der Anlagenbuchhaltung. Die Forderungen ergeben sich aus den Debitorenkonten, die Verbindlichkeiten aus den Kreditorenkonten und die Liquiden Mittel aus den einzelnen Finanzmittelkonten. Der Jahresüberschuss/ -fehlbetrag ergibt sich aus dem Abschlusskonto der Ergebnisrechnung, dem sogenannten „Ergebnissammler“.

In der Bilanz ist nach § 42 Abs. 5 KomHVO zu jedem Posten der entsprechende Betrag des vorhergehenden Jahres anzugeben.

2.2.6 Saldenvortrag

In der buchhalterischen technischen Praxis sind die Ergebnisrechnung und Bilanz ein „Report" der zugeordneten Konten. Sämtliche ergebnisrelevanten Konten werden in einem abschlusshaushaltsjahrbezogenen sogenannten „Ergebnissammler" zusammengefasst. Durch die Bildung dieses haushaltsjahrbezogenen „Ergebnissammlers" sind die Ergebniskonten abgerechnet und können mit einem „Null-bestand" ins nächste Haushaltsjahr als Eröffnungskonten vorgetragen werden. In der Finanzrechnung werden gleichfalls die einzelnen Finanzrechnungskonten mit dem Endbestand „Liquide Mittel" abgerechnet. Diese Summe stellt den Anfangsbestand für das Folgejahr dar, der sich auf den Anfangsbestand an Finanzmitteln und den Bestand an fremden Finanzmitteln aufteilt. Sämtliche anderen abgerechneten Finanzrechnungskonten werden mit einem „Nullbestand" vorgetragen.

Die Bestandskonten der Bilanz werden auf sich selbst vorgetragen.

2.2.7 Ergänzende Unterlagen zum Jahresabschluss

Bestandteil des Jahresabschlusses ist nach § 95 Abs. 2 GO bzw. § 38 Abs. 1 Nr. 5 KomHVO auch der Anhang. Dieser beinhaltet nach § 45 Abs. 1 KomHVO die angewandten Bilanzierungs- und Bewertungsmethoden. Hierzu gehören Ausübung der Wahlrechte, wie Gemeinkostenberücksichtigung bei Herstellungskosten, Wahl der Abschreibungsmethode und der Abschreibungsdauern, außerplanmäßige Abschreibungen bei Finanzanlagen, Wertminderungen bei Grund und Boden von Infrastrukturvermögen. Weiterhin werden dort die Besonderheiten der Aufwands- bzw. Ertragsermittlung bzw. deren Postenzuordnung in der Ergebnisrechnung erläutert und die Vereinfachungsregelungen und Schätzungen beschrieben. Weitere Inhalte sind Inventurvereinfachungsverfahren, die Bilanzierung geringwertiger Vermögensgegenstände, Festwertbildungen, Bildung pauschalierter Festwerte, Gruppenbewertungen sowie Erläuterungen einer Schätzung zu Grunde liegender Annahmen. Ferner werden Haftungsverhältnisse und Sachverhalte mit eventuell künftigen finanziellen Verpflichtungen dargestellt, sofern diese nicht nachrichtlich bereits im Verbindlichkeitenspiegel dargestellt wurden.

Im Anhang sind gesondert die im § 45 Abs. 2 KomHVO spezifisch aufgezählten Angabe- und Erläuterungspflichten darzustellen.

Weitere wichtige und pflichtige Angaben ergeben sich anhand spezieller Regelungen der GO und KomHVO, diese sind die Angabe bzw. Erläuterung zu

- Außerplanmäßigen Abschreibungen (§ 36 Abs. 6 KomHVO)
- Zuschreibungen (§ 36 Abs. 9 KomHVO)
- Mangelnde Vergleichbarkeit eines Bilanzpostens zum Vorjahr (§ 42 Abs. 5 KomHVO)
- Neu hinzugefügte Posten (§ 42 Abs. 6 KomHVO)
- Zusammengefasste Posten (§ 42 Abs. 7 KomHVO)
- Kostenunterdeckungen (§ 44 Abs. 6 KomHVO)

Dem Anhang ist nach § 45 Abs. 3 KomHVO beizufügen:

- Anlagenspiegel (§ 46 KomHVO)
- Forderungsspiegel (§ 47 KomHVO)
- Verbindlichkeitenspiegel (§ 48 KomHVO)
- Eigenkapitalspiegel und eine Übersicht über die in das folgende Jahr übertragenen Haushaltsermächtigungen

Ein weiteres Element des Jahresabschlusses ist der Lagebericht (§ 49 KomHVO), der das durch den Jahresabschluss vermittelte Bild zur Lage der Gemeinde erläutert, einen Überblick über die wichtigsten Ergebnisse des Jahresabschlusses und der Haushaltswirtschaft gibt, die Faktoren für eine positive oder negative Beeinflussung des Ergebnisses erläutert, nach Schluss des Haushaltsjahres besondere finanzwirtschaftliche eingetretene Vorgänge darstellt und einen Ausblick über die voraussichtliche Entwicklung mit Chancen und Risiken der künftigen Entwicklung gibt.

2.3 Abweichungen beim praktischen edv-technischen kaufmännischen Jahresabschluss

Die Darstellungen zur Durchführung des Jahresabschlusses im NKF entsprechen grundsätzlich auch der edv-technischen kaufmännischen Praxis bei privatwirtschaftlichen Unternehmen. Dort wird allerdings vollständig auf das Element einer Teilfinanz- und Finanzrechnung verzichtet, da die finanzwirtschaftlichen Bewegungen in der Regel nur im Nachhinein in der vereinfachten Form einer Cash-flow-Rechnung ermittelt werden. Auf die produktorientierten Teilergebnisrechnungen im externen Rechnungswesen wird gleichfalls verzichtet. Anstelle dessen erfolgt eine produktorientierte Darstellung der betrieblichen Kosten und Leistungen in der Kosten- und Leistungsrechnung.

F. Bilanzanalyse durch Kennzahlen

1. Klassische kaufmännische Bilanzkennzahlen

Die Bilanzanalyse mit klassischen kaufmännischen Bilanzkennzahlen verfolgt die Zielsetzung für privatwirtschaftliche Unternehmen Erkenntnisse zu den verschiedenen Bilanzinhalten wie Vermögens- und Finanzierungsstruktur, Liquidität sowie Eigenkapitalrentabilität zu erzielen.

Hierbei können die Erkenntnisse anhand von Kennzahlenrichtgrößen, durch Zeit- oder Betriebsvergleiche für das Unternehmen bewertet werden. Die Aussagen der Bilanzanalyse differenziert zwischen der horizontalen und der vertikalen Bilanzanalyse und deren Beurteilung. Für die Auswertung bestehen die beiden Phasen Bilanzaufbereitung und Bilanzanalyse.

1.1 Umgliederung als Bilanzaufbereitung

Zur Bilanzaufbereitung gehört die Umgliederung der Bilanz, wobei sich diese an den Analyseerfordernissen der Kennzahlen orientiert. Hierbei wird innerhalb der Vermögensformen differenziert zwischen Anlage- und Umlaufvermögen, wobei das Umlaufvermögen noch differenziert nach Vorräten, Forderungen und flüssigen Mitteln. Bei der Vermögensfinanzierung wird differenziert zwischen Eigen- und Fremdkapital, wobei innerhalb des Fremdkapitals nach Lang- und Kurzfristigkeit differenziert wird. Der aktive Rechnungsabgrenzungsposten wird in die Forderungen umgegliedert, der passive Rechnungsabgrenzungsposten wird beim kurzfristigen Fremdkapital berücksichtigt. Sonderposten werden in das Eigenkapital umgegliedert.[1] Zusammenfassend ergibt sich hierzu nachfolgendes Umgliederungsschema:

Vermögensformen	Vermögensfinanzierung
Anlagevermögen	**Eigenkapital**
Umlaufvermögen ▪ Vorräte ▪ Forderungen ▪ Flüssige Mittel	**Fremdkapital** ▪ Langfristig ▪ Kurzfristig

---

[1] Grundsätzlich sind Sonderposten eine Mischposition zwischen Eigenkapital und Fremdkapital. Von den grundsätzlichen Eigenschaften her, handelt es sich bei Sonderposten für eine Bilanzanalyse um eigenkapitalähnliches Kapital. Dementsprechend werden die Sonderposten im NKF-Kennzahlenset NRW (RdErl. des Innenministeriums vom 01.10.2008 - 34 - 48.04.05/01 - 2323/08) auch der Kennzahl „Eigenkapitalquote 2" zugerechnet.

1.2 Unterteilung der Bilanzaussagen

Die Aussagen einer Bilanzanalyse anhand von Bilanzkennzahlen werden inhaltlich wie folgt strukturiert:

- Kapitalstruktur und Finanzierung
- Anlagenfinanzierung
- Vermögensstruktur
- Liquidität
- Eigenkapitalrentabilität

Die entsprechenden Kennzahlen dieser thematisch strukturierten Bilanzanalyse werden nachfolgend erläutert.

1.2.1 Kapitalstruktur / Finanzierung

Die Gliederung der Kennzahlen orientiert sich im Themenbereich Kapitalstruktur bzw. Finanzierung an den Aussagewerten zur Darstellung der Eigenständigkeit der Vermögensfinanzierung sowie an der Berechenbarkeit der Finanzierung.

Eigenständigkeit der Vermögensfinanzierung
a) Eigenkapitalquote (Grad der finanziellen Unabhängigkeit) Eigenkapital : Gesamtkapital x 100 % b) Fremdkapitalquote (Grad der Fremdfinanzierung) Fremdkapital : Gesamtkapital x 100 % c) Verschuldungsgrad Fremdkapital : Eigenkapital x 100 % d) Grad der Selbstfinanzierung Gewinnrücklagen : Gesamtkapital x 100 %

Alle vier Kennzahlen ergeben Rückschlüsse auf die Vermögensfinanzierung. Höheres Eigenkapital bzw. niedriges Fremdkapital bedeuten eine höhere finanzwirtschaftliche Eigenständigkeit. Ein niedriger Fremdkapitalanteil bedeutet eine geringe Zinslast. Für Banken ist die Höhe der Eigenkapitalausstattung bzw. Fremdkapitalbelastung in der Bilanz ein Maßstab für Kreditvergaben. Ein Richtwert für eine angemessene Eigenkapitalausstattung im privatwirtschaftlichen Bereich ist stets branchenabhängig und daher schwankend. Bei Eigenbetrieben des öffentlich-rechtlichen Bereichs bedeutet eine Eigenkapitalquote ab 30% aufwärts grundsätzlich eine angemessene Eigenkapitalausstattung. Der Grad der Selbstfinanzierung bildet den Umfang der im Unternehmen verbleibenden Gewinne ab, die zur Stärkung des Eigenkapitalanteils beitragen.

Berechenbarkeit der Finanzierung
a) Anteil des langfristigen Fremdkapitals
Langfr. Fremdkapital : Gesamtkapital x 100 %
b) Anteil des kurzfristigen Fremdkapitals
Kurzfr. Fremdkapital : Gesamtkapital x 100 %

Beide Kennzahlen bilden die Berechenbarkeit der bestehenden Finanzierung ab, wobei mit einem längerfristigen Finanzierungsanteil die Zinslasten für längere Zeit feststehen und damit berechenbar sind. Bei einem hohen Anteil des kurzfristigen Fremdkapitals ist diese Berechenbarkeit nicht gegeben. Hieraus ergibt sich das erforderliche Umschuldungsvolumen bzw. ggf. auch anstehende Abflüsse liquider Mittel.

1.2.2 Anlagenfinanzierung

Anlagendeckungsgrade / horizontale Bilanzstrukturregel
a) Anlagendeckungsgrad I
Eigenkapital : Anlagevermögen x 100 %
b) Anlagendeckungsgrad II
Langfristiges Kapital : Anlagevermögen x 100 %
Eigenkapital
+ langfristiges Fremdkapital
= Langfristiges Kapital

Beide Kennzahlen sind Maßstab für die finanzielle Stabilität des Unternehmens. Hierzu ist es erforderlich, dass sich eine Fristengleichheit zwischen der Nutzungsdauer des Anlagevermögens als gebundenes Kapital und einer entsprechenden langfristigen Finanzierung dieses Vermögens ergibt. Allgemein wird hier auch von der horizontalen Bilanzstrukturregel oder der goldenen Bilanz- oder Bankregel gesprochen. Idealtypisch ist beim Anlagendeckungsgrad I ein 100-prozentiger Deckungsgrad. Erforderlich ist dieser Kennzahlenwert beim Anlagendeckungsgrad II. Das langfristige Kapital beim Anlagendeckungsgrad II setzt sich aus der Summe von Eigenkapital und langfristigem Fremdkapital zusammen.

1.2.3 Vermögensstruktur

Verschiedene Vermögensanteile innerhalb des Gesamtvermögens
a) Anlagenintensität Anlagevermögen : Gesamtvermögen x 100 %
b) Anteil am Umlaufvermögen Umlaufvermögen : Gesamtvermögen x 100 %
c) Vorratsquote Vorräte : Gesamtvermögen x 100 %
d) Forderungsquote Forderungen : Gesamtvermögen x 100 %
e) Anteil an flüssigen Mitteln Flüssige Mittel : Gesamtvermögen x 100 %

Die Kennzahl Anlagenintensität bildet die längerfristige Kapitalbindung im Anlagevermögen ab. Konsequenzen einer hohen Anlagenlastigkeit ist ein hoher Fixkostenanteil aus Abschreibungen, Zinsen und Instandhaltung. Ein anlagenlastiges Unternehmen besitzt eine geringe Fähigkeit sich veränderten Märkten anzupassen. Zur Deckung der fixen Kosten ist ein hoher bzw. vollständiger Auslastungsgrad erforderlich.

Der Anteil des Umlaufvermögens am Gesamtvermögen bildet die vorübergehende Kapitalbindung zur Finanzierung des Umlaufvermögensbestandes ab.

Die spezifischen Kennzahlen zu den einzelnen Umlaufvermögensposten Vorratsquote, Forderungsquote und Anteile an flüssigen Mitteln ergänzen ggf. Aussagen zum Bereich der Umsatzveränderungen und Umsatzerlöse.

1.2.4 Liquiditätskennzahlen

Zahlungsfähigkeit des Unternehmens
a) Liquidität I Flüssige Mittel : Kurzfristiges Fremdkapital x 100 %
b) Liquidität II (Flüssige Mittel + Forderungen) : Kurzfristiges Fremdkapital x 100 %
c) Liquidität III Umlaufvermögen : Kurzfristiges Fremdkapital x 100 %

Aussageziel für alle drei Liquiditätskennzahlen ist, eine Aussage darüber treffen zu können, inwieweit die Liquidität und liquiditätsnahe Umlaufvermögensposten des Unternehmens ausreichen, um die fälligen kurzfristigen Verbindlichkeiten zu decken. Idealtypisch bei der Kennzahl Liquidität I sind einhundert Prozent. Dieser Prozentsatz ist bei der Kennzahl Liquidität II als erforderlich und bei der Liquidität III als kritisch anzusehen.

Ein präziser Aussagewert ist hier keinesfalls gegeben, da wie bei allen Bilanzkennzahlen es sich um eine stichtagsbezogene Betrachtung handelt. Diese Schwäche wird hier besonders deutlich, da die Kennzahleninhalte einer starken kurzfristigen Veränderung unterliegen können. So kann die Fristigkeit der Zahlungsverpflichtungen aus dem kurzfristigen Fremdkapital völlig abweichen von der zufließenden Liquidität aus Forderungen oder entstehender Liquidität aus dem sonstigen Umlaufvermögen.

1.2.5 Eigenkapitalrentabilität

Die Eigenkapitalrentabilität ist das bilanziell ermittelte Verhältnis des Jahresüberschusses zum eingesetzten Eigenkapital.

Rentabilität	
Eigenkapital-Rentabilität:	$\frac{\text{Jahresüberschuss x 100}}{\text{Eigenkapital (ohne Jahresüberschuss)}}$ %

Die Mindestzielgröße der Eigenkapitalrentabilität setzt sich zusammen aus dem marktüblichen Zinssatz für langfristig gebundenes Kapital plus einer Risikoprämie für das im Betrieb eingesetzte Kapital.

2. Übertragbarkeit auf die kommunale Bilanz

Eine wichtige Fragestellung ist, inwieweit die dargestellten klassischen Bilanzkennzahlen des privatwirtschaftlichen Bereichs auf den kommunalen Bereich übertragbar sind, da sich hier andere grundlegende Zielsetzungen sowie auch andere finanzwirtschaftliche Rahmenbedingungen und Außenbeziehungen ergeben.

2.1 Kennzahlen zur Kapitalstruktur

Die Eigenkapitalhöhe im kommunalen Bereich ist vielfach historisch bedingt. Zudem sieht der Gesetzgeber nicht vor, dass eine Gemeinde eine bestimmte Eigenkapitalausstattung benötigt; lediglich der Verzehr des Eigenkapitals wird seitens des Gesetzgebers normiert. Auch eine gezielte Erhöhung des Eigenkapitals mittels Gewinnplanung ist grundsätzlich im Rahmen des Bedarfsdeckungsprinzips sowie des Kostendeckungsprinzips unzulässig. Die Eigenkapital- oder Fremdkapitalquote sagt zudem nicht darüber aus, wie sich die allgemeine Leistungsfähigkeit einer Gemeinde darstellt, da eine von der Vermögensseite losgelöste Betrachtung zu falschen Erkenntnissen führt. Einen wesentlichen Maßstab für die Kreditvergabe durch Banken bilden diese Kennzahlen gleichfalls nicht, da die Gemeinden als unterste staatliche Verwaltungsebene stets Kredite aufnehmen können. Der Grad der Selbstfinanzierung bildet den Umfang der im Unternehmen verbleibenden Gewinne ab, die zur Stärkung des Eigenkapitalanteils beitragen. Die Ermittlung der Fristigkeiten von Kreditverbindlichkeiten im Rahmen der Berechenbarkeit ist gleichfalls wenig hilfreich. Aufgrund der problemlosen Kreditbeschaffung kann es aufgrund einer bestimmten Zinsstruktur am Markt vielmehr geboten sein, kurzfristige Kredite aufzunehmen.

2.2 Anlagenfinanzierung

Die vorgenannte Argumentation gilt analog für die Kennzahlen der Anlagendeckungsgrade. Für Eigenbetriebe gilt diese Argumentation gleichfalls, da die Finanzierung für die rechtlich unselbständigen Eigenbetriebe durch die Gemeinde sichergestellt wird.

2.3 Vermögensstruktur

Der öffentliche Bereich ist aufgrund seiner Dienstleistungsfunktion grundsätzlich anlagenlastig. Für diese Grundfeststellung bedarf es keiner Kennzahlen. Anders als im privatwirtschaftlichen Bereich ergeben sich im öffentlichen Bereich aufgrund der überwiegend hoheitlichen Tätigkeiten kaum Marktveränderungen. Ein erforderlicher hoheitlicher Auslastungsgrad ist schwierig steuerbar, da dieser überwiegend durch gesetzliche Vorgaben und auch mit der Zielsetzung des Allgemeinwohls bestimmt wird. Derartige unwirtschaftliche Aufgaben würde ein Privatunternehmen nie wahrnehmen.

2.4 Liquiditätskennzahlen

Diese ohnehin unpräzisen Kennzahlen - der Aussagewert ist nur gegeben, wenn eine Parallelität zwischen den Fälligkeiten der Forderungen und der Verbindlichkeiten besteht - entfaltet im kommunalen Bereich keine Relevanz, da die laufende Liquidität einer Gemeinde ohne Probleme durch die jederzeitig mögliche Aufnahme von Liquiditätskrediten sichergestellt werden kann. Das gleiche gilt auch für die Eigenbetriebe, da deren Liquidität durch die Gemeinde sichergestellt wird.

2.5 Eigenkapitalrentabilität

Grundsätzlich arbeiten die Gemeinden nach dem Bedarfsdeckungsprinzip, wonach für den Einsatz von Eigenkapital im Rahmen der Aufgabenerfüllung grundsätzlich keinerlei Verzinsung des Eigenkapitals erfolgt. Idealtypisch soll ein Haushaltsausgleich (Jahresergebnis ist Null) erreicht werden, wonach die Eigenkapitalverzinsung demnach auch Null wäre. Lediglich im Bereich der kostenrechnenden Einrichtungen (z. B. Abwassergebühren, Müllgebühren, Friedhofsgebühren oder Krankentransportgebühren) wird nach § 6 KAG eine angemessene Eigenkapitalverzinsung in die Gebührenkalkulation in Form von kalkulatorischen Zinsen einbezogen. Die Gemeinden erstellen allerdings nur eine Bilanz, wobei die aus den kalkulatorischen Zinsen erwirtschafteten Erträge in den Haushaltsausgleich einfließen.

Eine sinnhafte Anwendbarkeit dieser Bilanzkennzahl im kommunalen Bereich könnte nur für einen Eigenbetrieb gegeben sein, wenn dieser als eigenständig bilanzierende Einheit ausschließlich die Aufgaben einer kostenrechnenden Einrichtung wahrnimmt (z. B. als Eigenbetrieb Abwasser).

2.6 Fazit

Insgesamt sind die kaufmännischen Bilanzkennzahlen aufgrund der dargestellten wesentlichen kommunalen Besonderheiten, die gegenüber einem privatwirtschaftlich tätigen Wirtschaftsunternehmen bestehen, kaum sinnvoll einsetzbar.

Es bedarf anderer Jahresabschlusskennzahlen mit der Vernetzung der Ergebnisse anderer Jahresabschlusskomponenten wie die Finanz- und Ergebnisrechnung. Solche tiefergehenden Analysen sind dem Themengebiet Controlling zuzurechnen.

3. Übung

Sachverhalt:

Für die Bilanzanalyse steht Ihnen folgende bereits teilweise in einigen Posten zusammengefasste Bilanz des Eigenbetriebs Kultur der Stadt S zur Verfügung:

Aktiva (in T€)			Passiva (in T€)		
	Abschlussjahr	Vorjahr		Abschlussjahr	Vorjahr
Sachanlagevermögen	1.660	1.420	**Rücklagen**	950	900
Finanzanlagevermögen	260	200	**Ertragsvortrag**	30	0
Vorräte	50	400	**Jahresüberschuss**	10	30
Forderungen	160	60	**Langfristige Rückstellungen**	120	60
Kassenbestand	15	5	**Kurzfristige Rückstellungen**	90	80
Bankguthaben	45	25	**Langfristige Verbindlichkeiten**	900	500
			Kurzfristige Verbindlichkeiten	90	540
Bilanzsumme:	2.190	2.110	**Bilanzsumme:**	2.190	2.110

Aufgaben:

a) Ermitteln Sie aus der Bilanz des Eigenbetriebs Kultur folgende Kennzahlen für das Abschlussjahr und das Vorjahr:

- Anlagenintensität
- Vorratsquote
- Eigenkapitalrentabilität
- Anlagendeckungsgrad II
- Liquidität III

b) Bewerten Sie anhand der Analyseinhalte der einzelnen Kennzahlen die Entwicklung des Eigenbetriebs im Abschlussjahr gegenüber dem Vorjahr. Bewerten Sie hierbei auch die Aussagefähigkeit für die Betriebsform Eigenbetrieb Kultur.

Lösung Aufgabe a):

Anlagenintensität	Prozentuales Verhältnis zwischen Anlagevermögen und Gesamtvermögen **Vorjahr**: 1620 T€ x 100% / 2.110 T€ = rund **76,78 %** **Abschlussjahr**: 1920 T€ x 100 % / 2190 T€ = rund **87,67 %**
Vorratsquote	Prozentuales Verhältnis zwischen Vorräte und Gesamtvermögen **Vorjahr**: 400 T€ x 100% / 2.110 T€ = rund **18,96 %** **Abschlussjahr**: 50 T€ x 100 % / 2190 T€ = rund **2,28 %**)
Eigenkapital-rentabilität	Prozentuales Verhältnis zwischen Jahresgewinn und Eigenkapital ohne den erzielten Jahresüberschuss **Vorjahr**: 30 T€ x 100% / 900 T€ = rund **3,33 %** **Abschlussjahr**: 10 T€ x 100 % / 980 T€ = rund **1,02 %**
Anlagen-deckungsgrad II	Prozentuales Verhältnis zwischen langfristigem Kapital (Eigenkapital und langfristiges Fremdkapital) und Anlagevermögen **Vorjahr**: 1490 T€ x 100% / 1.620 T€ = rund **91,98 %** **Abschlussjahr**: 2.010 T€ x 100 % / 1.920 T€ = rund **104,69 %**
Liquidität III	Prozentuales Verhältnis zwischen Umlaufvermögen und kurzfristigem Fremdkapital **Vorjahr**: 490 T€ x 100% / 620 T€ = rund **79,03 %** **Abschlussjahr**: 270 T€ x 100 % / 180 T€ = **150 %**

Lösung Aufgabe b):

Anlagenintensität	Entwicklung des Eigenbetriebs zum Vorjahr Die langfristige Vermögensbindung (Anlagenlastigkeit) hat gegenüber dem Vorjahr zugenommen. Hierdurch ergibt sich für den Eigenbetrieb ein noch höherer Anteil an Aufwendungen aus Abschreibungen, Zinsen und Instandhaltung. Bei einer langfristigen Vermögensbindung ergibt sich eine geringe Anpassungsfähigkeit an eine veränderte Marktlage. Für einen wirtschaftlichen Einsatz des Anlagevermögens ist ein hoher Auslastungsgrad erforderlich. Aussagefähigkeit für Betriebsform Eigenbetrieb Kultur Der öffentliche Bereich hat aufgrund seiner Dienstleistungsfunktion grundsätzlich eine hohe Anlagenlastigkeit. Marktveränderungen ergeben sich im öffentlichen Bereich aufgrund der Gemeinwohlfunktion nicht so schnell wie in der Privatwirtschaft. Bei einem Eigenbetrieb besteht ein öffentlicher Auftrag, der auch unwirtschaftliche Aufgaben beinhaltet, die ein Privatunternehmen mangels Wirtschaftlichkeit nie ausführen würde.
Vorratsquote	Entwicklung des Eigenbetriebs zum Vorjahr Die Vorräte haben erheblich abgenommen. Es ist davon auszugehen, dass die Vorratswirtschaft optimiert wurde und Vorräte überwiegend „just in time" beschafft werden. Aussagefähigkeit für Betriebsform Eigenbetrieb Kultur Abgesehen von der Feststellungsmöglichkeit des gravierend veränderten Vorratsbestandes hat die Kennzahl aufgrund der hohen Anlagenintensität im öffentlichen Bereich kaum bis keine Bedeutung.
Eigenkapitalrentabilität	Entwicklung des Eigenbetriebs zum Vorjahr Grundsätzlich soll die Eigenkapitalrentabilität eine marktübliche Verzinsung plus einen Prozentsatz für das Unternehmerrisiko erbringen. Bei derzeitigen Zinssätzen für langfristige Kapitalanlagen von rund 2 % bis 3 % (Stand: Juni 2015) wurde der Kennzahlenanspruch in etwa nur im Vorjahr erreicht. Vom Vorjahr zum Abschlussjahr fällt die Eigenkapitalrentabilität um über 2 Prozentpunkte, wodurch die geforderte Eigenkapitalrentabilität selbst nur aus marktüblicher Verzinsung nicht mehr erreicht wird. Aussagefähigkeit für Betriebsform Eigenbetrieb Kultur Der Aufgabenbereich Kultur ist ein nicht wirtschaftlicher Bereich, in dem die öffentliche Aufgabe der Bereitstellung eines Kulturangebots zu erfüllen ist. Hierbei hat die Eigenkapitalrentabilität grundsätzlich keine Bedeutung. Zielsetzung öffentlicher Haushalte ist vielmehr die Optimierung der Deckung der entstehenden Aufwendungen durch Erträge.

Anlagen-deckungsgrad II	Entwicklung des Eigenbetriebs zum Vorjahr Grundsätzlich ist der Anlagendeckungsgrad Maßstab zur Beurteilung der Kapitalausstattung und für eine finanzielle Stabilität des Betriebes. Beim Deckungsgrad II soll zumindest eine Fristengleichheit (goldene Bilanzregel, goldene Bankenregel) zwischen Anlagennutzung und Anlagenfinanzierung erreicht werden. Diese wurde im Vorjahr knapp verpasst, allerdings wird dieser (Mindest-)Anspruch im Abschlussjahr erreicht. Aussagefähigkeit für Betriebsform Eigenbetrieb Kultur Die finanzielle Stabilität für den Eigenbetrieb im Abschlussjahr ist hinsichtlich der Innenwirkung erfreulich. Außenwirkung dieser Informationen entsteht jedoch kaum bis gar nicht, da für den rechtlich unselbständigen Eigenbetrieb grundsätzlich die Gemeinde die finanzielle Stabilität sicherstellt.
Liquidität III	Entwicklung des Eigenbetriebs zum Vorjahr Als Faustregel für die Liquidität III soll sich eine 200-prozentige Deckung der kurzfristigen Verbindlichkeiten durch das Umlaufvermögen ergeben. Dies konnte in beiden Jahren nicht erreicht werden. Gegenüber dem Vorjahr hat der Eigenbetrieb im Abschlussjahr seine Liquidität III allerdings erheblich verbessert (fast verdoppelt). Aussagefähigkeit für Betriebsform Eigenbetrieb Kultur Diese ohnehin unpräzise Kennzahl – ein Aussagewert ist nur gegeben, wenn eine Parallelität zwischen Fälligkeit der Forderungen und der Verbindlichkeiten besteht - hat in der Regel keine Relevanz, da aufgrund der rechtlichen Unselbständigkeit die Liquidität von der Gemeinde sichergestellt wird. Hier besteht seitens der Gemeinde vielmehr das Bestreben, den Liquiditätsbestand von zuwendungsbedürftigen Eigenbetrieben, wozu ein Eigenbetrieb Kultur in der Regel gehört, anhand des Zuflusses der betrieblichen Zuwendungen gegen Null zu disponieren.

Kontenplan für die Ausbildung an der Hochschule für Polizei und öffentliche Verwaltung NRW

Kontenklasse	Kontengruppe	Konto	Bezeichnung
0			**Immaterielles Vermögen und Sachanlagen**
	01		**Immaterielles Vermögen**
		011	Konzessionen
		012	DV-Software
		013	Patente, Nutzungsrechte
	02	020	**Unbebaute Grundstücke und grundstücksgleiche Rechte**
	03	030	**Bebaute Grundstücke und grundstücksgleiche Rechte**
	04		**Infrastrukturvermögen**
		041	Grund und Boden des Infrastrukturvermögens
		042	Infrastrukturvermögen
	05	050	**Bauten auf fremdem Grund und Boden**
	06	060	**Kunstgegenstände, Kulturdenkmäler**
	07		**Maschinen und technische Anlagen, Fahrzeuge**
		071	Maschinen und technische Anlagen
		073	Betriebsvorrichtungen
		074	Fahrzeuge
	08		**Betriebs- und Geschäftsausstattung**
		081	Betriebs- und Geschäftsausstattung
		082	Geringwertige Wirtschaftsgüter
	09		**Geleistete Anzahlungen, Anlagen im Bau**
		091	Geleistete Anzahlungen auf Sachanlagen
		092	Anlagen im Bau
1			**Finanzanlagen**
	10	100	**Anteile an verbundenen Unternehmen**
	11	110	**Beteiligungen**
	12	120	**Sondervermögen**
	13	130	**Ausleihungen**
	14		**Wertpapiere** [in der Bilanz getrennt bei Anlage- oder Umlaufvermögen anzusetzen]
		141	Wertpapiere des Anlagevermögens
		142	Wertpapiere des Umlaufvermögens
	15		**Vorräte**
		151	Roh-, Hilfs- und Betriebsstoffe
		152	Waren
		153	Unfertige und fertige Erzeugnisse und Leistungen
		154	Zu veräußernde Bau- und Gewerbegrundstücke
		155	Geleistete Anzahlungen auf Vorräte
		159	Sonstige Vorräte

	16		**Öffentlich-rechtl. Forderungen u. Forderungen aus Transferleistungen**
		161	Gebühren-, Beitrags- und Steuerforderungen
		164	Forderungen aus Transferleistungen
		165	Sonstige öffentlich-rechtliche Forderungen
		166	Zweifelhafte öffentlich-rechtliche Forderungen
	17		**Privatrechtliche Forderungen, sonstige Vermögensgegenstände**
		171	Forderungen aus Lieferungen und Leistungen
		172	Sonstige privatrechtliche Forderungen
		173	Zweifelhafte privatrechtliche Forderungen
		174	Sonstige Vermögensgegenstände
		176	Vorsteuer
		177	Sonstige Forderungen (Rechnungsabgrenzung)
	18		Liquide Mittel
		181	Guthaben bei Banken und Kreditinstituten (Sichteinlagen)
		182	Kasse (Bargeld)
	19		Aktive Rechnungsabgrenzung (ARAP) und nicht gedeckter Fehlbetrag
		191	Aktive RAP für Kreditbeschaffungskosten (Disagio)
		192	Aktive RAP für geleistete Zuwendungen
		193	Sonstige aktive RAP
		199	Nicht durch Eigenkapital gedeckter Fehlbetrag
2			Eigenkapital, Sonderposten und Rückstellungen
	20		Eigenkapital
		201	Allgemeine Rücklage
		203	Sonderrücklagen
		204	Ausgleichsrücklage
		205	Jahresüberschuss / Jahresfehlbetrag
	21		Wertberichtigungen [In der Bilanz Verrechnung mit den Forderungen, da Bilanzausweis nicht zulässig.]
		211	Einzelwertberichtigung zu privatrechtlichen Forderungen
		212	Pauschalwertberichtigungen zu privatrechtlichen Forderungen
		213	Einzelwertberichtigung zu öffentlich-rechtlichen Forderungen
		214	Pauschalwertberichtigungen zu öffentlich-rechtlichen Forderungen
	23		Sonderposten
		231	Sonderposten aus Zuwendungen
		232	Sonderposten aus Beiträgen
		233	Sonderposten für den Gebührenausgleich
		239	Sonstige Sonderposten
	25		Pensionsrückstellungen
		251	Pensionsrückstellungen für aktive Beschäftigte
		252	Pensionsrückstellungen für Versorgungsempfänger
	26	260	Rückstellungen für Deponien und Altlasten
	27	270	Instandhaltungsrückstellungen

	28			Sonstige Rückstellungen
		280		Sonstige Rückstellungen
		281		Urlaubsrückstellungen
		282		Überstundenrückstellungen
		283		Rückstellungen für drohende Verluste aus schwebenden Geschäften
		284		Rückstellungen für die erhöhte Heranziehung zu Umlagen [nach § 37 Abs. 5 S. 3 KomHVO]
3				Verbindlichkeiten und passive Rechnungsabgrenzung
	30	300		Anleihen
	32	320		Verbindlichkeiten aus Krediten für Investitionen
	33	330		Verbindlichkeiten aus Krediten zur Liquiditätssicherung
	34			Verbindlichkeiten aus Vorgängen, die Kreditaufnahmen wirtschaftlich gleichkommen
		341		Schuldübernahmen
		342		Leibrentenverträge
		345		Leasingverträge
	35			Verbindlichkeiten aus Lieferungen und Leistungen
		351		Verbindlichkeiten aus Lieferungen und Leistungen gegen verbundene Unternehmen, Beteiligungen und Sondervermögen
		352		Verbindlichkeiten aus Lieferungen und Leistungen gegen den privaten Bereich
		353		Verbindlichkeiten aus Lieferungen und Leistungen gegen den öffentlichen Bereich
	36	360		Verbindlichkeiten aus Transferleistungen
	37			Sonstige Verbindlichkeiten
		371		Steuerverbindlichkeiten (z.B. einbehaltene lohnabhängige Steuern)
		372		Verbindlichkeiten gegenüber Sozialversicherungsträgern
		373		Umsatzsteuer
		374		Umsatzsteuerverrechnung
		375		Verbindlichkeiten gegenüber Beschäftigten
		376		Sonstige Verbindlichkeiten (Rechnungsabgrenzung)
		378		Ungeklärte Zahlungseingänge [Einzahlungskonto 699]
		379		Andere sonstige Verbindlichkeiten
	38	380		Erhaltene Anzahlungen
	39			Passive Rechnungsabgrenzung (PRAP)
		391		Passive RAP für erhaltene Zuwendungen
		392		Sonstige passive RAP
4				Erträge
	40			Steuern und ähnliche Abgaben
		401		Grundsteuer A
		402		Grundsteuer B
		403		Gewerbesteuer
		404		Gemeindeanteil an der Einkommensteuer
		405		Gemeindeanteil an der Umsatzsteuer
		406		Sonstige Gemeindesteuern

		407		Steuerähnliche Erträge
		408		Ausgleichsleistungen
	41			Zuwendungen und allgemeine Umlagen
		411		Schlüsselzuweisungen
		412		Bedarfszuweisungen
		413		Sonstige allgemeine Zuweisungen
		414		Zuweisungen und Zuschüsse für laufende Zwecke
		415		Erträge aus der Auflösung von Sonderposten aus Zuwendungen
		416		Allgemeine Umlagen (z.B. Kreisumlage)
	42			Transfererträge
		421		Ersatz von sozialen Leistungen außerhalb von Einrichtungen
		422		Ersatz von sozialen Leistungen in Einrichtungen
		423		sonstige Transfererträge
	43			Öffentlich-rechtliche Leistungsentgelte
		431		Verwaltungsgebühren
		432		Benutzungsgebühren und ähnliche Entgelte
		433		Erträge aus der Auflösung von Sonderposten für Beiträge
		434		Ertragskorrektur aus der Bildung u. Auflösung von Sonderposten für den Gebührenausgleich
		436		Zweckgebundene Abgaben (z.B. Kurtaxen, Kurbeiträge)
	44			Privatrechtliche Leistungsentgelte, Kostenerstattungen und Kostenumlagen
		441		Umsatzerlöse
		442		Erlösberichtigungen [Separates Korrekturkonto, Buchung auch direkt auf 441 zulässig]
		443		Mieten und Pachten
		444		Erträge aus dem Verkauf von Vorräten
		445		Sonstige privatrechtliche Leistungsentgelte
		446		Erträge aus Kostenerstattungen, Kostenumlagen
	45			Sonstige ordentliche Erträge
		451		Erträge aus der Veräußerung von immateriellem Vermögen und Sachanlagen
		452		Erträge aus der Veräußerung von Finanzanlagen
		453		Verrechnung von Veräußerungserträgen und Zuschreibungen bei Finanzanlagen mit der Allgem. Rücklage (bei Vorlage der Voraus. des § 44 Abs.3 KomHVO)
		454		Bußgelder, Verwarngelder (Ordnungswidrigkeiten)
		455		Konzessionsabgaben
		456		Säumniszuschläge, Stundungszinsen
		457		Erträge aus Zuschreibungen
		458		Erträge aus der Auflösung oder Herabsetzung von Rückstellungen oder Wertberichtigungen
		459		Andere sonstige ordentliche Erträge
	46			Finanzerträge
		461		Zinserträge
		462		Sonstige Finanzerträge

	47			Aktivierte Eigenleistungen und Bestandsveränderungen
		471		Aktivierte Eigenleistungen
		472		Bestandsveränderungen an unfertigen und fertigen Erzeugnissen und Leistungen
	48	480		Erträge aus internen Leistungsbeziehungen
	49	490		Außerordentliche Erträge
5				Aufwendungen
	50			Personalaufwendungen
		501		Dienstbezüge der Beamten
		502		Dienstbezüge der tariflich Beschäftigten
		503		Dienstbezüge der sonstigen Beschäftigten
		504		Beiträge zu Versorgungskassen
		505		Beiträge zur gesetzlichen Sozialversicherung (Arbeitgeberanteil)
		506		Beihilfen und Unterstützungsleistungen für Beschäftigte
		507		Zuführungen zu Pensionsrückstellungen für Beschäftigte
		508		Pauschalierte Lohnsteuer
	51			Versorgungsaufwendungen
		511		Bezüge der Versorgungsempfänger
		512		Beiträge zur gesetzlichen Sozialversicherung für Versorgungsempfänger
		513		Beihilfen und Unterstützungsleistungen für Versorgungsempfänger
		514		Zuführungen zu Pensionsrückstellungen für Versorgungsempfänger
	52			Aufwendungen für Sach- und Dienstleistungen
		521		Instandhaltung der Grundstücke und baulichen Anlagen
		522		Instandhaltung des Infrastrukturvermögens
		523		Erstattungen für Aufwendungen von Dritten aus laufender Verwaltungstätigkeit
		524		Unterhaltung und Bewirtschaftung des unbeweglichen Vermögens
		525		Instandhaltung und Unterhaltung des beweglichen Vermögens
		526		Aufwendungen für Roh-, Hilfs-, Betriebsstoffe und Waren
		527		Schülerbeförderungen und Lernmittel nach dem Lernmittelfreiheitsgesetz
		528		Aufwendungen für Festwerte
		529		Sonstige Aufwendungen für Sach- und Dienstleistungen (inkl. Sofortaufwand nach § 36 Abs. 3 KomHVO
	53			Transferaufwendungen
		531		Leistungen der Sozialhilfe außerhalb von Einrichtungen
		532		Leistungen der Sozialhilfe in Einrichtungen
		533		Schuldendiensthilfen
		534		Sonstige Sozialtransferaufwendungen
		535		Gewerbesteuerumlage
		536		Finanzierungsbeteiligung Fonds Deutscher Einheit
		537		Allgemeine Umlagen an das Land (Solidarbeitrag)
		538		Allgemeine Umlagen an Gemeinde und Gemeindeverbände
		539		Sonstige Transferaufwendungen

	54		Sonstige ordentliche Aufwendungen
		541	Sonstige Personal- und Versorgungsaufwendungen
		542	Mieten, Pachten und Leasing
		543	Geschäftsaufwendungen
		544	Steuern, Versicherungen, Schadensfälle
		545	Verluste aus dem Abgang von Vermögensgegenständen des Anlagevermögens
		546	Verrechnung von Veräußerungsverlusten mit der Allgemeinen Rücklage (bei Vorliegen der Voraussetzungen des § 44 Abs. 3 KomHVO)
		547	Wertberichtigungen von Forderungen
		548	Verfügungsmittel [Separater Ausweis in Plan und Rechnung erforderlich!]
		549	Sonstige Aufwendungen aus laufender Verwaltungstätigkeit
	55		Zinsen und sonstige Finanzaufwendungen
		551	Zinsaufwendungen
		552	Auflösung ARAP für Disagio
		553	Sonstige Finanzaufwendungen
	57		Bilanzielle Abschreibungen
		571	Abschreibungen auf immaterielles Vermögen und Sachanlagen
		572	Abschreibungen auf geringwertige Wirtschaftsgüter [Vollabschreibung im Jahr der Anschaffung]
		573	Verrechnung von außerplanmäßigen Abschreibungen auf Finanzanlagen nach § 44 KomHVO
		574	Außerplanmäßige Abschreibungen auf Umlaufvermögen [außer Forderungen, siehe 547]
		575	Andere außerplanmäßige Abschreibungen
	58	580	Aufwendungen aus internen Leistungsbeziehungen
	59	590	Außerordentliche Aufwendungen
6			Einzahlungen
	60		Steuern und ähnliche Abgaben
		601	Grundsteuer A
		602	Grundsteuer B
		603	Gewerbesteuer
		604	Gemeindeanteil an der Einkommensteuer
		605	Gemeindeanteil an der Umsatzsteuer
		606	Sonstige Gemeindesteuern
		607	Steuerähnliche Einzahlungen
		608	Ausgleichsleistungen
	61		Zuwendungen und allgemeine Umlagen
		611	Schlüsselzuweisungen
		612	Bedarfszuweisungen
		613	Sonstige allgemeine Zuweisungen
		614	Zuweisungen und Zuschüsse für laufende Zwecke
		616	Allgemeine Umlagen (z.B. Kreisumlage)

	62			Transfereinzahlungen
		621		Ersatz von sozialen Leistungen außerhalb von Einrichtungen
		622		Ersatz von sozialen Leistungen in Einrichtungen
		623		Sonstige Transfereinzahlungen
	63			Öffentlich-rechtliche Leistungsentgelte
		631		Verwaltungsgebühren
		632		Benutzungsgebühren und ähnliche Entgelte
		636		Einzahlungen aus zweckgebundenen Abgaben (z.B. Kurtaxen, Kurbeiträge)
	64			Privatrechtliche Leistungsentgelte, Kostenerstattungen und Kostenumlagen
		641		Umsatzerlöse
		642		Erlösschmälerungen (Korrekturkonto)
		643		Mieten und Pachten
		644		Einzahlungen aus dem Verkauf von Vorräten
		645		Sonstige privatrechtliche Leistungsentgelte
		646		Einzahlungen aus Kostenerstattungen, Kostenumlagen
	65			Sonstige Einzahlungen aus laufender Verwaltungstätigkeit
		654		Bußgelder, Verwarngelder (Ordnungswidrigkeiten)
		655		Konzessionsabgaben
		656		Säumniszuschläge, Stundungszinsen
		659		Sonstige ordentliche Einzahlungen
	66			Finanzeinzahlungen
		661		Zinseinzahlungen
		662		Sonstige Finanzeinzahlungen
	68			Einzahlungen aus Investitionstätigkeit
		681		Einzahlungen aus Zuwendungen für Investitionsmaßnahmen
		682		Einzahlungen aus der Veräußerung von immateriellen Vermögensgegenständen
				und Sachanlagen
		683		Einzahlungen aus der Veräußerung von Finanzanlagen
		684		Beiträge und ähnliche Entgelte
		685		Rückflüsse von Ausleihungen
		689		Sonstige Investitionseinzahlungen
	69			Einzahlungen aus Finanzierungstätigkeit
		691		Einzahlungen aus Anleihen
		692		Kreditaufnahmen für Investitionen
		693		Aufnahme von Krediten zur Liquiditätssicherung
		694		Einzahlung aus sonstiger Wertpapierverschuldung
		695		Rückflüsse von Darlehen (ohne Ausleihungen)
		699		Ungeklärte Einzahlungen
7				Auszahlungen
	70			Personalauszahlungen
		701		Dienstbezüge der Beamten
		702		Dienstbezüge der tariflich Beschäftigten

		703		Dienstbezüge der sonstigen Beschäftigten
		704		Beiträge zu Versorgungskassen
		705		Beiträge zur gesetzlichen Sozialversicherung (Arbeitgeberanteil)
		706		Beihilfen und Unterstützungsleistungen für Beschäftigte
		708		Pauschalierte Lohnsteuer
	71			Versorgungsauszahlungen
		711		Auszahlungen für die Bezüge von Versorgungsempfängern
		712		Beiträge zur gesetzlichen Sozialversicherung für Versorgungsempfänger
		713		Beihilfen und Unterstützungsleistungen für Versorgungsempfänger
	72			Auszahlungen für Sach- und Dienstleistungen
		721		Instandhaltung der Grundstücke und baulichen Anlagen
		722		Instandhaltung des Infrastrukturvermögens
		723		Erstattungszahlungen für Aufwendungen von Dritten aus laufender Verwaltungstätigkeit
		724		Unterhaltung und Bewirtschaftung des unbeweglichen Vermögens
		725		Instandhaltung und Unterhaltung des beweglichen Vermögens
		726		Auszahlungen für Roh-, Hilfs-, Betriebsstoffe und Waren
		727		Schülerbeförderungen und Lernmittel nach dem Lernmittelfreiheitsgesetz
		729		Sonstige Auszahlungen für Sach- und Dienstleistungen (inkl. Auszahlungen nach § 36 Abs. 3 KomHVO)
	73			Transferauszahlungen
		731		Leistungen der Sozialhilfe außerhalb von Einrichtungen
		732		Leistungen der Sozialhilfe in Einrichtungen
		733		Schuldendiensthilfen
		734		Sonstige Sozialtransferauszahlungen
		735		Gewerbesteuerumlage
		736		Finanzierungsbeteiligung Fonds Deutscher Einheit
		737		Allgemeine Umlagen an das Land (Solidarbeitrag)
		738		Allgemeine Umlagen an Gemeinde und Gemeindeverbände
		739		Sonstige Transferauszahlungen
	74			Sonstige Auszahlungen aus laufender Verwaltungstätigkeit
		741		Sonstige Personal- und Versorgungsauszahlungen
		742		Mieten, Pachten und Leasing
		743		Geschäftsauszahlungen
		744		Steuern , Versicherungen, Schadensfälle
		748		Verfügungsmittel
		749		Sonstige Auszahlungen aus laufender Verwaltungstätigkeit
	75			Zinsen und sonstige Finanzauszahlungen
		751		Zinsauszahlungen
		752		Sonstige Finanzauszahlungen

	78			Auszahlungen für Investitionstätigkeit
		781		Auszahlungen für den Erwerb von Grundstücken und Gebäuden
		782		Auszahlungen für Baumaßnahmen
		783		Auszahlungen für den Erwerb von immateriellen Vermögensgegenständen
				und beweglichen Sachen des Anlagevermögens
		784		Auszahlungen für den Erwerb von Finanzanlagen (ohne Ausleihungen)
		785		Auszahlungen von aktivierbaren Zuwendungen
		786		Gewährung von Ausleihungen
		787		Auszahlungen für die Ablösung von Dauerlasten
		789		Sonstige Investitionsauszahlungen
	79			Auszahlungen aus Finanzierungstätigkeit
		791		Tilgung von Krediten für Investitionen
		792		Tilgung von Krediten zur Liquiditätssicherung
		793		Tilgung von sonstigen Wertpapierschulden
		794		Auszahlungen aus Anleihen
		795		Gewährung von Darlehen (ohne Ausleihungen)
8				Abschlusskonten
	80			Eröffnungskonten und Abschlusskonten
		801		Eröffnungsbilanzkonto
		802		Schlussbilanzkonto
		803		Ergebnisrechnungskonto
		804		Finanzrechnungskonto
		805		Bestandsveränderungskonto
9	90	900		Kosten- und Leistungsrechnung (KLR)

Stichwortverzeichnis

Die Zahlen verweisen auf die Seiten.